JOSEPH SCHEPPACH

Das Universum in einem Staubkorn

GOLDMANN

Buch

Winzige, unscheinbare Phänomene wie die Wollmaus unter dem Sofa verbinden sich mit kosmischen Dimensionen. Ein ganzes Universum eröffnet sich dem interessierten Laien, betrachtet man den Staub mal völlig frei vom Gefühl der Vergeblichkeit beim Putzen und Saugen. Die Spurensuche auf dieser einzigartigen Entdeckungsreise durch Raum und Zeit beginnt bei der Frage nach unserer »Personal Cloud«, der ganz persönlichen Staubwolke, die jeden von uns umgibt. Woher kommt der Staub? Nach welchen Gesetzen verbindet er sich? Und wie können wir uns diesen faszinierenden Stoff zunutze machen?

Autor

Joseph Scheppach, geboren 1952, ist Wissenschaftsjournalist und Autor zahlreicher Bücher im Bereich Natur und Technik. Er schreibt unter anderem für die Magazine *Natur*, *mare* und *Technology Review*. 2020 erschien sein Buch über die Menschenrechtsaktivistin Asia Bibi. 2009 veröffentlichte er, noch vor dem Nature-Writing-Trend, das in mehrere Sprachen übersetzte Sachbuch »Das geheime Bewusstsein der Pflanzen: Botschaften aus einer unbekannten Welt«. Er lebt in Schäftlarn bei München.

JOSEPH SCHEPPACH

DAS UNIVERSUM IN EINEM STAUBKORN

Eine kurze Geschichte des Staubs vom Wohnzimmer bis ins Weltall

GOLDMANN

Alle Ratschläge in diesem Buch wurden vom Autor und vom Verlag sorgfältig erwogen und geprüft. Eine Garantie kann dennoch nicht übernommen werden. Eine Haftung des Autors beziehungsweise des Verlags und seiner Beauftragten für Personen-, Sach- und Vermögensschäden ist daher ausgeschlossen.

Wir haben uns bemüht, alle Rechteinhaber ausfindig zu machen, verlagsüblich zu nennen und zu honorieren. Sollte uns dies im Einzelfall aufgrund der schlechten Quellenlage bedauerlicherweise einmal nicht möglich gewesen sein, werden wir begründete Ansprüche selbstverständlich erfüllen.

Sollte diese Publikation Links auf Webseiten Dritter enthalten, so übernehmen wir für deren Inhalte keine Haftung, da wir uns diese nicht zu eigen machen, sondern lediglich auf deren Stand zum Zeitpunkt der Erstveröffentlichung verweisen.

MIX
Papier | Fördert gute Waldnutzung
FSC® C014496
FSC www.fsc.org

Penguin Random House Verlagsgruppe FSC® N001967

1. Auflage
Originalausgabe August 2023

Neumarkter Str. 28, 81673 München
Dieses Werk wurde vermittelt durch die Michael Meller Literary Agency GmbH, München
Umschlag: Uno Werbeagentur, München
Umschlagmotive: Staubwedel: GettyImages/The Image Bank/Steven Puetzer
Erde, Weltall: Finepic, München
Redaktion: Hendrik Heisterberg
Satz: Satzwerk Huber, Germering
Druck und Bindung: GGP Media GmbH, Pößneck
Printed in Germany
GS · CB
ISBN 978-3-442-14291-0

www.goldmann-verlag.de

Für Ingrid

INHALT

EINLEITUNG

Machen Sie bitte folgendes Experiment: Verdunkeln Sie Ihr Zimmer und lassen Sie durch Jalousie oder Vorhang nur einen einzigen Sonnenstrahl durchs Fenster fallen. Dann erleben Sie ein kapriziöses Ballett von Millionen winziger Tänzer. Staunend betrachte ich diesen Taumel: Staub, der unermüdlich wiederkehrt und unbesiegbar scheint.

»Wenn man die Stäubchen nur festhalten könnte. Wie Schmetterlinge fixieren ...«, wünschte sich der verstorbene Dichter Hans Magnus Enzensberger in seiner *»Ballade vom Staub«*. »Ach, sie sind so flüchtig und schweben so leicht!«

Ich habe mich gefragt, wie viel Staub es wohl gibt auf der Welt. Ich weiß nicht, wie es Ihnen beim Lesen des vierten Kapitels ergehen wird – für mich waren die Mengen schlichtweg unfassbar. Die rätselhafte Rolle, die dieser Staub beim Klima spielt (10. Kapitel), hat mich umso neugieriger gemacht, als ich auf Staubjäger stieß, die kosmische Partikel mit Raumsonden verfolgen (16. Kapitel) oder von Dächern kratzen (17. Kapitel).

Dass die chemischen Elemente in unserem Körper aus kosmischem Staub »gebacken« wurden, hat mich zu weiteren Fragen angeregt: Warum ist das Staubkorn so klein? Warum ist das Universum so groß? Die Antworten sind verwirrend und Ehrfurcht gebietend zugleich.

In Einschüben zwischen den Kapiteln habe ich versucht, Antworten auf weitere Fragen zu finden. Auf die philosophische Frage: Ist Staub gar keine Materie, sondern Energie? Auf die esoterische Frage: Haben Außer-irdische einen anderen Staub? Und auf die alltägliche Frage: Warum gibt es im Winter mehr Staub?

Sie können in diesem Buch mehr über Ihre persönliche Staubwolke erfahren und über die Gefahren von Feinstaub. Sie begegnen dem kostbarsten Staub der Natur – dem Blütenstaub –, und Sie treffen auf Menschen, denen Staub kostbar ist, weil sie damit Geld verdienen. Ohne diese Staub-Experten wäre auch dieses Buch nicht möglich, denn sie fabrizieren den unsichtbaren Trennmittelstaub auf dem Papier, das Sie gerade in Händen halten, sofern Sie kein E-Book lesen. Trennstaub? Mehr über diesen Staub, den Sie in der Pelle Ihrer Leberwurst genauso wiederfinden wie in der Windschutzscheibe Ihres Autos, erfahren Sie auf den folgenden Seiten.

Ich wünsche Ihnen viel Vergnügen beim Lesen.

1.
AM ANFANG WAR DER STAUB

Wo soll man beginnen mit der Milliarden Jahre alten Geschichte des Wichtigsten, was es im Weltall gibt? Fangen wir mit einer Erkenntnis an, über die sich der britische Kosmologe Fred Hoyle lustig machte. Im Jahr 1929 hatte der amerikanische Astronom Edwin Powell Hubble entdeckt, dass sich im Himmel alles auseinanderbewegt. Seine Kollegen folgerten logisch, dass irgendwann einmal alles in einem Punkt verbunden sein musste. Von dort wurde alles erzeugt. Als handle es sich um einen Silvesterkracher, sprach Hoyle spöttisch vom »Big Bang«. Er konnte nicht ahnen, dass seine ironische Metapher die Kosmologie des 20. Jahrhunderts prägen würde.

»Urknall« nennen Forschende das Phänomen, das vor rund 13,8 Milliarden Jahren zündete. Die Ursachen sind bis heute rätselhaft, der Ablauf aber ist genau bekannt: Die Formeln der Astrophysiker besagen, dass die Materie des Universums drei Minuten nach dem Big Bang aus 75 Prozent Wasserstoff und 25 Prozent Helium bestand, angereichert mit den Leichtmetallen Lithium und Beryllium. Diese Zusammensetzung wird im heutigen Universum beobachtet – eine Bestätigung der Urknalltheorie.

Am Anfang gab es keinen Staub, nur sogenanntes primordiales Gas. Es ist nicht leicht zu entzünden. So konnten sich Gasmassen schwerlich zu Sternen zusammenballen. Denn wenn sich Gas zusammenballt, heizt es sich auf, und dieser Hitze wirkt die Schwerkraft entgegen. »Erst als sich 100 Sonnenmassen oder mehr angesammelt hatten, war die Schwerkraft groß genug, um den Kern so stark zusammenzudrücken, dass die Kernfusion zündete: Nun war der Stern geboren«, schreiben Volker Bromm und seine Kollegen von der Universität Texas. »Unsere Simulationen zeigen, dass sich die Sterne der ersten Generation grundlegend von den heutigen Sternen unterschieden: Sie waren durchschnittlich einige Hundert Mal massereicher und mehrere Millionen Mal heller als unsere Sonne. Ihre energiereiche Strahlung durchdrang das umgebende Gas und heizte es auf. Ein einziger dieser Megasterne konnte um sich herum eine heiße Blase von bis zu 15 000 Lichtjahren Durchmesser erzeugen. Zum Vergleich: Unsere Milchstraße hat einen Durchmesser von 100 000 Lichtjahren.«

Im Wettstreit der Kräfte hatte die Hitze gegenüber der Gravitation zunächst die Oberhand. Erst in Galaxien der zweiten Generation, wie der Milchstraßen-Galaxis, gab es Staub, der jene Hitze abführen konnte. Dieser Staub bestand aus schweren Elementen, die sich auch in unserem Körper wiederfinden. Sie entstanden bei der Explosion der Gasgiganten der ersten Generation und sind mit Grillanzündern vergleichbar: Sie brennen sehr schnell und heftig, geben viel Energie ab und verglühen rasch. Ist ihr Brennstoff aufgebraucht, stürzen sie in sich zusammen. Ihr Leben endet in einer ungeheuerlichen Explosion, einer Hypernova.

Dies alles klingt wie etwas, das vor langer Zeit und in weiter Ferne passiert ist – und für den Stoff, aus dem wir gemacht sind, war es das auch. Aber der Prozess ist immer noch im Gange: Ein vor wenigen Jahrzehnten verstorbener Stern in der Großen Magellanschen Wolke, nur eine Galaxie von der Milchstraße entfernt, lieferte Astronomen den Beweis dafür, dass sich alles so abgespielt hat, wie sie es in ihren Theorien beschrieben haben. Mit Hilfe der 64 zusammengeschalteten Antennen des ALMA-Teleskops (Atacama Large Millimeter/submillimeter Array), das sich in der Atacama-Wüste im Norden Chiles befindet, haben Astronomen eine Staubwolke analysiert, die sich nach einer gigantischen Supernova-Explosion zusammenbraute.

Die Geburt der Elemente

Diese kosmische Detonation wurde 1987 entdeckt – die erste mit bloßem Auge sichtbare Supernova, seit Johannes Kepler im Jahr 1604 ein solches Ereignis beobachtet hatte. Die Astronomen richteten ihre Teleskope auf den sterbenden Stern und beobachteten, wie der anfängliche Blitz verblasste und die Schockwelle der Explosion sich nach außen in einer Wolke ausbreitete. Von dieser Wolke erhofften sich die Astronomen die Antwort auf das alte astronomische Rätsel: Erzeugen Supernova-Explosionen wirklich Staub, der aus chemischen Elementen besteht? Wurden die meisten Elemente in unserem Körper, in der Luft, die wir atmen und im Gestein unter unseren Füßen tatsächlich im Inneren eines Sterns erzeugt?

Tatsächlich: Mit Hilfe des ALMA-Teleskops entdeckten die Astronomen endlich den Staub, den sie erwartet hatten. »Wirklich frühe Galaxien sind unglaublich staubig, und dieser Staub spielt eine wichtige Rolle bei der Entwicklung von Galaxien«, so Mikako Matsuura vom University College London in einer Presseerklärung. »Heute wissen wir, dass im frühen Universum der meiste Staub von

Supernovae stammt. Endlich haben wir direkte Beweise, die diese Theorie stützen.«

Sie besagt, dass im Inneren gigantischer Sterne Wasserstoff und Helium zu Kohlenstoff fusionierte und so die ersten Staubkörner gebar. »Es waren winzige Partikel, kleiner als der Durchmesser eines Haares«, sagt Nye Evans von der britischen Keele University. »Obwohl so winzig, enthält jeder dieser Staubbälle aber Millionen von Kohlenstoff-Stäubchen.« Wie es dazu gekommen ist, versetzte sogar den Urknall-Skeptiker Fred Hoyle in Begeisterung: »Ein höherer Intellekt muss die Eigenschaften des Kohlenstoffatoms entworfen haben«, staunte er. »Wären nur die blinden Kräfte der Natur im Spiel, wären die Chancen, ein solches Atom zu finden, minimal.« Denn Kohlenstoff konnte sich nur bilden, weil sich zur Wasserstoff-Helium-Fusion noch ein kurzlebiges Atom dazugesellte: Beryllium-8. Es verschwand gleich wieder. Das Millisekunden genaue Timing zwischen Entstehung und Zerfall muss perfekt austariert sein, gleich einem Orchester, bei dem die Resonanzen der Instrumente aufs Allerfeinste harmonieren. Physikalisch ausgedrückt: Die Energieniveaus aller beteiligten Atomkerne mussten exakt dem des Kohlenstoffs entsprechen. Er ist – abgesehen vom Sauerstoff – das häufigste Element in jedem Organismus. Ohne Kohlenstoff kein Stoffwechsel. Ohne Kohlenstoff wären Sie und ich jetzt nicht hier. »Wir sind Sternenstaub, wir sind golden«, singt die US-Kult-Band Crosby, Stills, Nash & Young in ihrem Song »Woodstock«: »Wir sind Milliarden Jahre alter Kohlenstoff.«

Mit jeder neuen Fusionsreaktion im Inneren eines Sterns ging es im Periodensystem weiter nach oben. So wie man Mehl in Brot verwandelt, bildeten sich immer schwerere Elemente: Magnesium, Schwefel, Natrium, Silizium, Platin, Gold, Titan und Uran. Das ging so lange gut, bis der Grenzwert von 56 Nukleonen erreicht war, der

Gesamtzahl der Protonen und Neutronen im Kern. Bei einem Element, das im stabilen Zustand 56 Protonen und Neutronen in seinem Kern hat, hört Fusion auf. Dieses Element ist Eisen.

Eisen ist der Stoff, aus dem rote Farbe gemacht wird, die billigste Farbe, die es gibt. Roter Ocker, Fe_2O_3, eignet sich bestens als Konservierungsmittel, etwa als Anstrich für große Flächen – deshalb sind so gut wie alle Scheunen im Norden der USA und in Skandinavien rot gestrichen. »Diese Farbe ist billig, weil sie reichlich vorhanden ist«, schreibt Yonatan Zunger von der Stanford University. »Und sie ist reichlich vorhanden, weil ihr Ausgangsmaterial – Eisen – in einer Unmenge in sterbenden Sternen entstanden ist.«

Am »Eisen-Punkt« hören die Fusionsreaktionen im Stern auf, und er kollabiert. Er bebt und schüttelt schockartig seine Gashüllen ab. Dieses letzte Höllenfeuer lässt ihn in kaleidoskopartigen Farben erstrahlen – so hell wie Milliarden Sterne. Das ist es, was wir als Supernova erblicken. Es ist ein kosmisches Recycling-Feuerwerk. Der Stern gibt jetzt sein Material in Form von Staub ans Universum zurück: Staub aus Silizium, ein kristallines, gesteinsbildendes Mineral; Staub aus Periklas, ein Magnesiumoxid, das in Marmor enthalten ist; Staub aus Korund, ein Aluminiumoxid, das man auf der Erde je nach Verunreinigung als Rubin oder Saphir kennt.

Solcher Staub jagte vor Milliarden Jahren nach einer Hypernova-Explosion in einer 50 000 Grad Celsius heißen Wolke ins All hinaus. Mit 10 000 Atomen pro Kubikzentimeter war das interstellare Medium von äußerst geringer Dichte – normale Raumluft ist billiardenfach dichter. Aber die Wolke war so unvorstellbar groß, dass sich dennoch ungeheuer viele Staubkörner darin befanden, die größten gerade mal so staubig wie Zigarettenrauch. Und doch wurde aus diesen winzigen Partikeln einmal unsere Sonne – und unsere Erde.

Planetare Embryos und Goldilocks

Dieser Planet ist rund 4,51 Milliarden Jahre alt, aber seine Geschichte begann viel früher als Staubkörnchen auf der rotierenden Scheibe um die junge Sonne. Wie sich dieser Staub nach und nach zu Klümpchen verband, bis diese schließlich zu Planeten heranwuchsen, gab Wissenschaftlern lange Zeit Rätsel auf. Erst Experimente in der Schwerelosigkeit brachten die Lösung. Sechs Minuten lang trug eine unbemannte Maser-8-Rakete eine Versuchsanordnung durch die Mikrogravitation. Die Akteure an Bord waren winzige Kügelchen aus Siliziumdioxid mit einem halben Mikrometer Durchmesser – ultrafeiner Staub. Mikroskop-Kameras zeichneten auf, wie die Körnchen sich miteinander verbanden und zu welchen Strukturen sie heranwuchsen. Verwundert erkannten die Forscher, dass die Schwerkraft dabei keine nennenswerte Rolle spielte. Erst Klumpen mit Durchmessern im Kilometerbereich ziehen sich über ihre Gravitation so stark an, dass es zu Kollisionen kommt. »Auf der Ebene von Mikrometern dominieren dagegen zufällige Wärmebewegungen, die auch auf der Erde für die Brown'sche Bewegung kleiner Teilchen verantwortlich sind«, erklärt Olaf Fritsche in *Spektrum der Wissenschaft*. »Stoßen zwei Körnchen zitternd zusammen, bilden sie mitunter schwache elektrostatische Anziehungskräfte zueinander. Diese sogenannten Van-der-Waals-Kräfte resultieren aus schnell wechselnden zufälligen Ungleichverteilungen der Elektronen im Staubkorn. Passen Nachbarn ihre Verteilungsschwankungen aneinander an, klammern sich die beiden Teilchen regelrecht aneinander.« Weitere Staubteilchen kommen hinzu, und ein stark verzweigtes Netz mit langgezogenen Ketten aus Staubpartikeln reift heran. So schnell, dass die Staub-Konglomerate bald zur Größe von Murmeln und diese zur Größe eines Golfballs heranwuchsen, dann zur Größe eines Fußballs und schließlich wurden sie haushoch.

Erreichen Gebilde einen Kilometer Durchmesser, werden sie »Planetesimale« genannt.

Innerhalb von mehreren Millionen Jahren rotierten Hunderte dieser »planetaren Embryos« im inneren Sonnensystem. Sie wurden im Lauf einiger Millionen Jahre mehrere Kilometer groß. Je weiter dieser Prozess voranschritt, desto stärker kam die Gravitation ins Spiel und umso gravierender wurden die Folgen von Zusammenstößen. Nur die größten Planetesimale überlebten, indem sie sich die kleineren schnappten und mit ihnen verschmolzen. Irgendwann blieb nur noch eine Handvoll Megaobjekte übrig: die vier kleinen, felsigen Planeten, die der Sonne am nächsten sind: Merkur, Venus, Mars und Erde. Im Außenbereich hielten sich die heutigen Gasriesen auf: Jupiter, Saturn, Uranus und Neptun.

Doch einzig die Erde zog ihre Bahnen in der »habitablen Zone« des Sonnensystems, der bewohnbaren Zone, in der Wasser weder kocht noch gefriert. »Goldilocks« wird diese Zone genannt. Der eigenartige Name ist inspiriert von dem Märchen, in dem eine Frau Namens »Goldlöckchen« aus drei Schüsseln unterschiedlich heißen Brei probiert und schließlich nur denjenigen isst, der genau die richtige Temperatur hat. So wie unsere Erde, die sich pro Jahr einmal um unser Zentralgestirn dreht. Sie ist weder zu nahe an der Sonne dran, wo es zu heiß ist, wie etwa auf der Venus, noch zu weit weg und damit viel zu kalt, wie bei Jupiter oder Saturn.

Wie für Menschen gemacht

Halte ich mir all dies vor Augen und beziehe es auf mich selbst, komme ich aus dem Staunen nicht heraus: Ich, Sie, alle Menschen können nur leben, weil es die Sonne gibt. Sie entstand aus einer gigantischen umherwirbelnden Wolke aus Gasen und Staub. Die Sonne strahlt Energie ab. Auf der Erde machen Pflanzen daraus mit Hilfe eines besonderen Staubs – Blütenstaub – Nährstoffe. Zugleich wärmt das Licht die Erde und macht sie hell. Warum gibt es das Licht? Weil irgendeine Instanz, die wir nicht kennen, Naturgesetze schuf, die den Gasball Sonne genauso beherrschen wie jedes einzelne Staubkorn.

Als ob es ausgeklügelt wäre: Der Druck im Sonneninnern ist gerade groß genug, um den Wasserstoff-Verschmelzungsofen in Gang zu halten, aber nicht zu schnell brennen zu lassen. Die Energie, die bei der Verschmelzung frei wird, erzeugt Druck nach außen. Dieser balanciert die nach innen gerichtete Gravitationswirkung aus, was die Konstruktion auf einfache Weise im Gleichgewicht hält. Abgerundet wird das Ganze durch eine wundersame Fabrik in den äußeren Gasschichten. Die macht aus der bei der Kernfusion erzeugten tödlichen Gammastrahlung lebensfreundliches, sichtbares Licht.

Und dann das größte Wunder: Die Sonnenenergie kann übertragen werden, durch einen mit kosmischem Staub gefüllten Raum hindurch. Würde man ihn mit dem Auto durchqueren und die Hand aus dem Fenster strecken, wäre sie kohlrabenschwarz. Durch diesen Staub rasen die Sonnenstrahlen, über 160 Millionen Kilometer weit. Die Erde hält genügend Sicherheitsabstand von der Sonne und wird dennoch von ihr »ernährt«. Ihr Aderlass ist erheblich: Jede Sekunde verliert sie von ihrer Materie etwa eine Million Tonnen.

Angesichts solcher Zusammenhänge fällt es dem US-Physiker Freeman Dyson schwer, wissenschaftlich nüchtern zu bleiben: »Wenn wir ins Universum hinausblicken und erkennen, wie viele Zufälle in Physik und Astronomie zu unserem Wohl zusammengearbeitet haben, dann scheint es fast, als habe das Universum in gewissem Sinn gewusst, dass wir kommen.«

Wir sind Wesen, die zum größten Teil aus ganz normalem Wasser bestehen, H_2O. »Wasser setzt sich aus in Sternen erzeugtem Sauerstoff und Wasserstoff aus dem Urknall zusammen«, schreibt Anna Frebel in ihrem Buch *Auf der Suche nach den ältesten Sternen*. »Da ein Sauerstoffatom ca. 16-mal so schwer ist wie ein Wasserstoffatom, ist das Verhältnis der Masse von Wasserstoff zu Sauerstoff in einem Wassermolekül eins zu acht«, rechnet die Astrophysikerin vor. »Da unser Körpergewicht zu ca. 65 Prozent aus Wasser besteht, heißt das, dass wir zu acht Prozent (also einem Zwölftel) aus Wasserstoff bestehen. Voilà: Wir sind selbst ein Teil des Urknalls in dem Sinne, dass der Wasserstoff in uns aus den ersten Minuten nach dem Urknall stammt. Jemand, der 75 Kilogramm wiegt, trägt also ca. sechs Kilogramm ›Urknall-Wasserstoff‹ mit sich herum.« Dieses Element konsumieren wir zum Beispiel jedes Mal, wenn wir einen Schluck Wasser trinken.

Neben Wasserstoff und Sauerstoff besteht unser Körpergewicht aus weiteren Elementen kosmischen Staubs: zu 18,5 Prozent aus Kohlenstoff; zu 3,2 Prozent Stickstoff, der als Baumaterial für unsere Gene dient; außerdem 1,5 Prozent Calcium für unsere Zähne und jede Menge Eisen fürs Blut. Dazu Eiweiße, Fette und Mineralstoffe, Spuren von Chlor, Phosphor, Kalium, Schwefel, Natrium und Magnesium. All diese Substanzklassen setzen sich wiederum aus chemischen Elementen zusammen, die aus der Asche sterbender Sterne stammen.

Wenn Sie 75 Kilo wiegen, bestehen Sie aus genug Kohlenstoff-Staub, um 25 Pfund Holzkohle herzustellen, genug staubfeine Salzpartikel, um einen Salzstreuer zu füllen, genug Chlorteilchen, um mehrere Schwimmbäder zu desinfizieren, und genug winzigste Eisenstäube, um einen 7,5 Zentimeter langen Nagel zu schmieden.

Diese Elemente bleiben nicht ein Leben lang in unserem Körper. Über 90 Prozent der Stoffe, aus denen wir bestehen, werden im

Laufe eines Jahres durch neue ersetzt. Unsere Magenschleimhaut wird über einen Zeitraum von fünf Tagen komplett ausgetauscht, die Darmdrüsen alle drei bis vier Tage, Osteoklasten im Knochenmark alle zwei Wochen. Auch Knochen und Muskeln befinden sich in einem ständigen Erneuerungsprozess. Etwa alle zwölf bis fünfzehn Jahre haben sie sich einmal runderneuert.

»Wenn diese Moleküle in die Biosphäre zurückkommen, verteilen sie sich durch Luft- und Wasserströmungen leicht über den ganzen Erdball«, schreibt der US-Ökonom Jeremy Rifkin in seinem Buch *Das Zeitalter der Resilienz*. »Da sich in jedem menschlichen Körper mehr als $4 \cdot 10^{27}$ Wasserstoffatome und $2 \cdot 10^{27}$ Sauerstoffatome befinden, können wir sicher sein, dass sich viele dieser Atome irgendwann im Körper von anderen Menschen oder Lebewesen befanden, die vor uns lebten.« Jeder Mensch trägt zum Beispiel ein Stückchen von Kleopatra in sich – und das nicht nur im übertragenen Sinne, sondern ganz real.

»Jedes der chemischen Elemente, die diese Moleküle aufbauen, aus denen wir bestehen, ist also weit älter als die Jahre, die seit unserer Geburt vergangen sind«, schreibt Forscherin Frebe. »Im Falle von Wasserstoff sind es fast 14 Milliarden Jahre, bei den anderen Elementen sind es mindestens fünf Milliarden Jahre.« Der Astrophysiker Günther Hasinger, Wissenschaftsdirektor der Europäischen Weltraumagentur ESA, ergänzt: »Dabei muss jedes Atom in uns schon mehr als einmal durch den Magen eines Sterns gegangen sein.« Der Dichter Ernesto Cardenal (1925–2020) drückt es so aus: »Wir sind aus dem Staub von Sternen gemacht, die explodierten, und wir werden wieder Sterne und Planeten sein, einmal.«

Staub verbindet die Sterne mit allem anderen, mit allen Planeten, mit allen Lebewesen auf der Erde.

STAUBRÄTSEL (GELÜFTET)

Was hat Gott sich bloß beim Staub gedacht?

Ein Staubkorn kann so winzig sein, dass zehntausend nebeneinandergelegt nicht mal die Länge von einem Zentimeter erreichen. Andererseits: Von der Erde bis zum nächsten Stern sind es vierzig Billionen Kilometer. Warum sind Staubkörner so klein? Warum ist das Universum so groß? Ist die riesige Spanne Zufall? Eine Laune Gottes? Oder unvermeidlich? Hätten die Größenverhältnisse überhaupt anders ausfallen können?

Es ist Zufall, dass im Universum kosmischer Staub entstand, der sich zu Sternen zusammenballte und zu Sonnen mit Planeten herum. Dass auf einem dieser Planeten Leben entstand, ist Zufall. Dass aus diesem Leben der bewusste Mensch hervorging und nun die Schöpfung betrachten kann, ist ebenfalls Zufall. Das sagen die Naturwissenschaftler.

Einige von ihnen aber tasten sich in den letzten Jahrzehnten immerhin an das verbotene »Wozu« heran. Sie fragen sich: Wie muss ein Weltall aussehen, das einen Stoff wie den Staub hervorbringen kann, aus dem sich Lebewesen wie der Mensch entwickeln?

Verblüffendes Gesamtergebnis: Es ist kein solches Weltall denkbar – außer dem unseren. »Eine Schlüsselrolle zum Verständnis dieser verwunderlichen Tatsache spielen die physikalischen Konstanten, die überall im Universum denselben Wert haben«, erklärt der britische Physiker Paul Davies. »So unglaublich es klingt: An diesen Konstanten hängen alle Größenverhältnisse im Universum!«

Weicht auch nur eine Naturkonstante – etwa die Stärke der Gravitation – von dem tatsächlich gemessenen Wert ab, ist die Entstehung von Staub nicht möglich. Jedenfalls nicht von Staub, aus dem sich riesige Galaxien genauso bilden konnten wie winziger Blütenstaub. Diese Wissenschaftler, deren Arbeiten unter dem Stichwort »anthropisches Prinzip« bekannt geworden sind, sagen nicht etwa: Es gibt das Weltall, damit es Menschen geben kann. Wohl aber sagen sie: Das Weltall muss genau so sein, wie es ist, sonst hätte der Mensch nicht entstehen können.

»Wir Menschen liegen auf der Skala der Dimensionen irgendwo in der Mitte zwischen Atom und Universum. Das Universum ist ungefähr um denselben Faktor größer als ein Planet, wie ein Planet größer ist als ein Atom. Der Mensch wiederum überragt das Atom um etwa denselben Faktor wie ein Planet den Menschen«, erklärt Paul Davies. Und die Dimension eines durchschnittlichen Staubkorns liegt ziemlich genau in der Mitte zwischen subatomaren Teilchen und dem Erdball.

Die Größenskalen von Staub, Menschen, Planeten und Sonnen sind nicht einfach Zufall, sondern Konsequenz aus der Tatsache, dass sie in der physikalischen Welt auf denselben physikalischen Konstanten aufbauen. Die Existenz des Menschen ist also notwendig, um einige Eigenschaften der Welt zu erklären.

Dass wir in einem Universum mit deutlich veränderten Konstanten nicht existieren könnten, halten manche Wissenschaftler für bedeutungslos. Andere schließen daraus, dass eine Vielzahl von Universen mit leicht veränderten Konstanten möglich ist. Die kühnen Wissenschaftler des anthropischen Prinzips folgen weder dem einen noch dem anderen Weg. Sie meinen, es sei die Bestimmung des Universums, Lebewesen mit Bewusstsein hervorzubringen. Falls sie recht haben, ist die Antwort auf die eingangs gestellten Fragen einfach. Warum sind Staubkörner so winzig? Warum ist das Universum so riesig? Einfach – weil wir existieren.

2.
STAUB – GRUNDSTOFF MENSCHLICHER KULTUREN

Aus einem einzigen Staubkorn lässt sich »lesen«, wie Menschen vor Jahrtausenden ihren Alltag verbrachten. Urzeit-Höhlenstaub als Zeitmaschine – klingt nach Science-Fiction, ist Forschern aber gelungen.

In winzigen und uralten Staubspuren vom Boden einer Höhle fanden Paläoanthropologen molekulare Hinterlassenschaften von Neandertalern und anderen Frühmenschen – und konnten daraus genetisches Erbgut extrahieren. Mit dieser neuen Methode sind sie künftig nicht mehr auf Knochen und andere versteinerte Überbleibsel der Frühzeit angewiesen. Knochen und Werkzeuge waren bislang für Anthropologen die einzigen Wegweiser in die Vergangenheit. Jetzt sind es Mineralienstäube, an die sich Schweiß, Blut und Urin dauerhaft angeheftet haben. Aus diesem Staubgemisch konnte ein internationales Forscherteam um Matthias Meyer vom Max-Planck-Institut für evolutionäre Anthropologie in Leipzig menschliche DNA extrahieren. »Ich glaube, dies wird ein Standardwerkzeug der Archäologie«, sagt Nobelpreisträger Svante Pääbo. »Anhand von DNA-Spuren im Sediment können wir nun an Fundorten und in Gebieten die Anwesenheit von Urmenschen nachweisen, wo dies mit anderen Methoden nicht möglich ist«, so der Direktor am Leipziger Max-Planck-Institut für evolutionäre Anthropologie, der ebenfalls an der Studie beteiligt war.

In einem Teelöffel voll Staub kann man Billionen Erbgutfragmente finden – und zum Beispiel Genaueres über einen der wichtigsten Entwicklungsschritte des Frühmenschen erfahren: die Fähigkeit, Feuer zu beherrschen. Dies gelang erst, als Steinzeitmenschen Staub zu Hilfe nahmen. Um Feuer zu machen, genügt es nicht, einfach zwei Feuersteine aneinanderzuschlagen. Zum gewünschten Ergebnis führt erst die Kombination aus Feuerstein und einem zweiten Stein: eisenhaltigem Pyrit, auch als Katzengold bekannt. Nur wenn man beide Steine zusammenschlägt, entspringen aus den Staubsplittern sichtbare Funken. Das kombinatorische Grundprinzip nutzen wir noch heute bei Feuerzeugen: Ein Rädchen aus kohlenstoffhaltigem Stahl schlägt auf einen kleinen Flintstein.

Ohne Staub gäbe es auch weder Höhlenmalerei noch Schminke für rituelle Bemalungen. Unsere Vorfahren begannen schon vor 50 000 Jahren damit, einfache Bilder und Symbole an Höhlenwände zu malen. Das zeigt die Datierung der Wandgemälde in elf Höhlen in Nordspanien. Die ältesten Wandgemälde stammen von Neandertalern, die dafür Gesteinspulver mit einem hohen Anteil des rötlichen Eisenminerals Hämatit verwendeten. Funde belegen zudem, dass die Neandertaler Schminke zu rituellen Zwecken herstellten – aus gelblichen Pigmenten eines Eisenminerals, das später auch von den alten Ägyptern als Schminke benutzt wurde.

Besonders eng mit Staub ist auch die Welt der Schrift verbunden. Die ersten Zeichen wurden mit Staub gemalt oder in Staub festgehalten. Von Archimedes berichten die antiken Chronisten, dass er in jeden Staub hinkritzelte – ob in Ofenstaub oder Staub am

Wegesrand. Als sich einmal ein römischer Soldat vor ihm aufbaute und Schatten auf eine Zeichnung warf, grummelte Archimedes: »Störe meine Kreise nicht.« Der Legionär zog das Schwert – und der 75-jährige Gelehrte sank tot in den Staub.

Auch die Geschichte der Zahlen hängt unmittelbar mit Staub zusammen. Cicero spricht vom »gelehrten Staub« (»pulvis eruditus«) und maßregelte seine Schüler: »Du hast nie gelehrten Staub berührt« (»numquam eruditum illum pulverem attigitis«). Er meinte damit wohl, dass der Eleve eine mathematische Aufgabe nicht lösen konnte.

Die Null und die Staubzahlen

Aufs engste mit Staub verbunden ist die Erfindung der Null. Diese Zahl gab es nämlich nicht immer. Ihr Ursprung beginnt mit dem ältesten technischen Rechenhilfsmittel, dessen Bezeichnung aus dem Griechischen stammt: abax, der Abakus. Dies wiederum geht auf das semitische abq (»Staub«) zurück und bedeutet so viel wie »mit Sand oder Staub bestreutes Brett«. Auch die Babylonier und Römer bestreuten ihr Rechenbrett mit Sand, ebenso die Inder, deren Wort für höheres Rechnen »dhuli-kharma« auf Deutsch »Sandwerk« bedeutet.

Warum man Staub auf das Rechenbrett streute, erklärt Robert Kaplan, Mathematik-Professor an der amerikanischen Harvard-Universität so: »Am plausibelsten erscheint mir, dass der Sand eine Gedächtnisstütze war«, schreibt er in seinem Buch *Die Geschichte der Null.* »Man sieht die Spuren der Zahlen, mit denen man gerechnet hat, nachdem man fertig ist, und kann sie so kontrollieren.« Ohne Sandstaub lassen sich Flüchtigkeitsfehler im Nachhinein nicht mehr erkennen. Auch eine vorsätzliche Mogelei ist dann nicht mehr nachweisbar.

In diesem »Rechen-Staub« entstand die Null aus dem Abdruck, den ein runder Rechenstein im Sand hinterließ. Wurde der Stein entfernt, der die Null ergänzte, blieb ein runder Abdruck zurück. Der hohle Kreis hat indische Mathematiker auf die Idee der Null gebracht. Zuvor, so Kaplan, »betrachteten die Leute die Ziffern von eins bis neun als Zahlen und die Null als eine Art Marker – bis hinduistische Mathematiker im 5., 6. oder 7. Jahrhundert unserer Zeitrechnung sahen, dass man mit der Null rechnen kann wie mit allen anderen Zahlen auch«.

Mit dem arabischen Islam kam die Null aus Indien über Nordafrika um die Jahrtausendwende in das Spanien der Mauren. Dort finden sich schon 950 n. Chr. Ziffern, die die Araber »huruf al-gubari« nannten: »Staubzahlen«. Die Bezeichnung stammt von staubigen indischen Rechenbrettern, die Händler von ihren Reisen mitgebracht hatten.

Mit dem Nichts kalkulieren geht also zurück auf etwas, das fast nichts ist: Staub.

STAUBRÄTSEL (UNGELÖST)

Hat Staub Bewusstsein?

»Staub kann so fein sein, dass er praktisch über keine Ausdehnung mehr verfügt«, sinniert Essayist Thomas Palzer. Zählt er dann noch zur Materie? Dem Philosophen René Descartes (1596–1650) zufolge ist Ausdehnung das Kennzeichen von Materie. Er stellt diese »res extensa« dem Geist, der »res cogitans«, gegenüber. »Somit gehören die unscheinbarsten Stäube zur Welt des Geistes; in die Sphäre der Energie«, folgert Palzer. Ist Staub ein Hauch von Materie an der Schwelle zum Geist? Erzeugt diese allgegenwärtige Materie gleichermaßen Realität und Transzendenz?

Der britische Schriftsteller Philip Pullman beschreibt Staub in seiner Fantasy-Trilogie *His Dark Materials* als ein »Bewusstseinsteilchen«, eine Art kosmische Ur-Energie, die sowohl positive als auch negative Auswirkungen hat. Sie verfüge über die Fähigkeit, Bewusstsein zu entwickeln und auch das Bewusstsein von Menschen und anderen Geschöpfen zu beeinflussen und zu formen. Wie genau dieser Einfluss stattfindet, bleibt bei Pullmann allerdings ein Geheimnis.

3.
DIE GROSSE STAUB-RECHNUNG

Statistisch sammeln sich in einem deutschen Durchschnittshaushalt täglich 6,2 Milligramm Staub pro Quadratmeter an. In einer 80-Quadratmeter-Wohnung Tag für Tag immerhin ein halbes Gramm. Wie viel Staub mag es wohl insgesamt in den Wohnungen der acht Milliarden Erdenbürger sein? Ja, wie viel Staub gibt es eigentlich auf der Welt? Welche Mengen steigen Jahr für Jahr vom Antlitz der Erde auf?

Es ist so viel wie nie zuvor in der Menschheitsgeschichte, sagen Forscher und rücken eine weit verbreitete Meinung zurecht: »Meist wird ja angenommen, dass Industrie und Verkehr die schlimmsten Luftverschmutzer sind. Aber weltweit ist das nicht der Fall«, sagt Johannes Lelieveld. »Hauptverursacher von schlechter Luft sind vielmehr häusliche Kleinfeuer und die Landwirtschaft«, hat der Direktor am Max-Planck-Institut für Chemie herausgefunden. Er hat mit Kollegen aus den USA, Zypern und Saudi-Arabien die Staubkonzentrationen mit einem globalen Modell für Atmosphärenchemie untersucht. So konnten auch für Orte Angaben gemacht werden, an denen es keine Messungen gibt.

Wenn von häuslichen Kleinfeuern die Rede ist, dann meinen die Forscher damit Dieselgeneratoren, kleine Öfen und offene, stark qualmende Holzfeuer. Dies sind zwar kleine Aktivitäten, aber fast drei Milliarden Menschen kochen und heizen mit offenen Feuerstellen. Da kommt einiges an Ruß und Qualm, Abgasen und Feinstaub zusammen. Zählt man zu diesen Staubquellen auch noch die staubproduzierende Industrie und den Verkehrsstaub dazu, kommt man auf 300 Millionen Tonnen Staub pro Jahr.

Eine weitere Quelle für staubige Luft ist die Landwirtschaft. Den Hinterlassenschaften von Kühen und Schweinen entweicht viel Ammoniak (NH_3), eine gasförmige Stickstoffverbindung, die in gelöster Form wiederum auf den Feldern als Dünger eingesetzt wird. »Die Verwendung von Stickstoffdüngern in der Lebensmittelproduktion hat in der deutschen Landwirtschaft eine lange Tradition«, schreibt Der Spiegel. »Schon im Deutschen Reich, noch vor Beginn des Ersten Weltkriegs, wurden Zehntausende Tonnen davon auf Felder gekippt. Inzwischen weiß man, dass das weitreichende negative Folgen für Umwelt und Klima haben kann.« Im Boden bildet sich immer dann das klimaschädliche Lachgas (N_2O), wenn Pflanzen den überschüssigen Stickstoff (N) nicht aufnehmen können.

Ammoniakemissionen können sich in einer »Gas to Particle Conversion« (GPC) in Feinstaub umwandeln. Der wiederum fliegt so weit, dass er »die Luftqualität von Orten beeinflussen kann, die von den landwirtschaftlichen Emissionsquellen weit entfernt sind«, schreibt Jacek A. Koziel vom Department of Agricultural and Biosystems Engineering der Iowa State University. In den letzten 50 Jahren hat diese Emission stärker zugenommen als irgendeine andere. Drei Länder – China, Indien und die USA – sind für fast die Hälfte des globalen Ammoniakstaubs verantwortlich. Deutschland hat sich im Rahmen eines internationalen Abkommens zur

Einhaltung einer Emissionshöchstmenge von jährlich 550 Kilotonnen Ammoniak ab 2010 verpflichtet, überschreitet diese Marke aber regelmäßig erheblich.

»Aus anthropogenen Quellen kommen mehr als 90 Prozent der gesundheitsgefährdenden Feinstaubpartikel«, haben die Max-Planck-Experten ermittelt. Diese Stäube sind gefährlicher als der Staub, den die Natur erzeugt, etwa Wüstenstaub. »Menschengemachter Feinstaub unterscheidet sich von den weniger gesundheitsschädlichen Wüstenstaubpartikeln«, erklären die Forscher. »Sie sind generell kleiner als Wüstenstaub und können tief in die Lunge vordringen.«

Insbesondere in der Region um die Arabische Halbinsel und im Nahen Osten, in der 400 Millionen Menschen leben, werden die WHO-Grenzwerte für Feinstaub ständig überschritten. »Die extreme Luftverschmutzung führt zu einer jährlichen Übersterblichkeitsrate von 745 Menschen pro 100 000«, so Forscher Lelieveld. »Sie hat eine ähnliche Bedeutung wie andere führende gesundheitliche Risikofaktoren, wie hoher Cholesterinspiegel und Tabakrauchen, und ist auch mit der Sterblichkeitsrate von COVID-19 vergleichbar.«

Unsere Atmosphäre – ein Staub-Cocktail

Die Mengen an natürlichem Staub auf unserem Planeten haben mich verblüfft. Die jährlichen Tonnagen hat Robert Trierweiler in seinem Fachbuch *Staub – Natürliche Quelle und Mengen* akribisch aufgelistet.

Aus den Wüsten dieser Welt gelangen etwa 1,5 Milliarden Tonnen Staub in die Atmosphäre. Doch nicht sie erzeugen den meisten Staub, sondern die Ozeane. Kein Wunder, schließlich nehmen sie die größte Fläche (71 Prozent) der Erde ein. Der Gischt entweichen jährlich zehn Milliarden Tonnen Salzpartikel, die letztlich nichts anderes sind als Staub – allerdings können diese Staubkörner aus Salzpartikeln recht groß sein: Sie erreichen Größen bis zu 0,5 Mikrometer.

Winde tragen ein Zehntel des Meeresstaubs ans Land, wo Bäume und andere Pflanzen ca. 66 Millionen Tonnen Pollen abgeben. Davon brauchen allein die eine Million Bienenvölker in Deutschland pro Jahr an die 25 000 000 Kilo. Das entspricht dem Gewicht von 5000 Elefanten. Der meiste grün-gelbe Blütenstaub, der Heuschnupfen verursachen kann, kommt von Birken, gefolgt von Gräsern, Erlen und Hasel. Zu den Pflanzenstäuben zählen auch organische Spurengase wie zum Beispiel Terpenmoleküle aus Nadelwäldern. Deren Oxidationsprodukte in der Luft kleben zu feinen Partikeln zusammen.

Busch- und Waldbrände verdunkeln den Himmel mit etwa 88 Millionen Tonnen Qualm und Ruß. Glutroten Himmel und aschebeladene Luft gibt es immer öfter, da die Klimaerwärmung riesige Waldbrände anheizt. Schon seit Jahren warnen Forscher, dass Qualm und Rußpartikel ein erhebliches Gesundheitsrisiko darstellen. Die Inhaltsstoffe lösen nicht nur Asthma und Atemprobleme aus, sondern könnten auch das Immunsystem über Jahre hinweg schädigen. Der noch jungen Wissenschaftsdisziplin der Pyroaerobiologie zufolge, sind die Bedrohungen durch Waldbrände weit komplexer als bisher angenommen.

Dies zeigt eine Studie von Yan Yu. »Nach dem Brand kommen die Sandstürme«, fand der Forscher von der Universität Peking heraus. Dazu hat er Satellitendaten von 150 000 Waldbränden analysiert, die zwischen 2003 und 2021 gelodert hatten. »Mehr als 90 Prozent der Feuer sorgten für eine signifikante Reduzierung des Pflanzenkleides«, schreibt der Forscher im Fachmagazin *Nature*

Geoscience. »Vegetation wurde flächendeckend vernichtet. So entstanden größere Staubstürme, die den Aerosolgehalt durch Asche oder verwehtes Erdreich ansteigen ließen.«

Dabei können die wilden Luftströmungen in den riesigen Brandwolken auch Krankheitserreger aus dem aufgewühlten Boden aufnehmen: Bakterien und Pilze, die über so große Entfernungen weggetragen werden, wie man es bislang nicht für möglich hielt. Erst Forschungen mit Drohnen zeigten, dass der Staub oft erst 800 Kilometer von einem Feuer entfernt liegen bleibt. »Bislang kam niemand auf die Idee, den Anstieg einer bestimmten Infektion mit so weit entfernten Brandherden in Verbindung zu bringen«, sagt George R. Thompson von der University of California. »Wir sind gerade erst dabei, den Transportmechanismus zu verstehen.« Denn immer neue Staubrekorde verblüffen die Forscher.

Der Ruß von Waldbränden kann nämlich sogar Tausende von Kilometern vom Brandherd entfernt für ökologische Veränderungen sorgen! Dies entdeckten Forscher, die sich über eine ungewöhnliche Algenblüte im Arktischen Ozean in der Nähe des Nordpols wunderten. Da das Ökosystem des Arktischen Ozeans in der Regel durch die Verfügbarkeit von Stickstoff begrenzt ist, begannen die Wissenschaftler, nach der Quelle zu suchen. Woher kommt der Überfluss an Nährstoff, der die Blüte auslöst? Nachdem sie ozeanische Quellen ausschließen konnten, »blieb die Atmosphäre als einziger Ort übrig«, so Douglas Hamilton von der North Carolina State University. Als Verursacher konnten die Atmosphärenforscher riesige Waldbrände ausmachen. Sie wüteten Tausende von Kilometern entfernt in Sibirien. Dabei verbrannte vor allem stickstoffreicher Torf. Die Stäube dieser Brände waren nach Norden getrieben worden, wo sich der Stickstoff im nährstoffarmen Wasser ablagerte. Dies konnte in der Arktis zu tiefgreifenden Veränderungen führen. Es ließ die

Algen aufblühen, wobei der Sauerstoffgehalt im Wasser sank, was wiederum Fisch- und Pflanzenwelt beeinträchtigt.

Vulkane speien jährlich 33 Millionen Tonnen Asche und giftige Gase aus und sorgen für ein Drittel des Arsens in der Atmosphäre. Sümpfe emittieren zehn bis zwanzig Millionen Tonnen Schwefelverbindungen. Die Hälfte davon wird zu Schwebeteilchen.

Lebende Luft

Zu den Teilchen in der Luft zählen auch Bakterien. Sie bringen es auf 70 Gigatonnen. Eine Gigatonne entspricht einer Milliarde Tonnen oder einer Billion Kilogramm. Diese unvorstellbar große Menge haben Wissenschaftler des Weizmann Institute of Science und des California Institute of Technology geschätzt. Winde und Stürme können Bakterien über größere Strecken transportieren – und in große Höhen. NASA-Mitarbeiter entdeckten sie von Flugzeugen aus in Luftproben in etwa zehn Kilometern Höhe. Als sie den Inhalt ihrer Filter analysierten, fanden sich dort etwa 20 Prozent lebensfähige bakterielle Zellen. Und dies, so berichten die Wissenschaftler, hat einen möglichen Einfluss auf das Klima. Manche der Bakterien verarbeiten Kohlenstoffverbindungen bei ihrem Stoffwechsel – auch Stoffe in der Atmosphäre. Dort dienen die Mikroorganismen als Kerne, an denen Feuchtigkeit kondensiert. So tragen die Organismen zur Wolkenbildung und zu Niederschlägen bei. Und Bakterien können es auch schneien lassen. Viel häufiger als gedacht, sorgen sie dafür, dass in Wolken Eiskristalle wachsen. Dies zeigt eine Untersuchung von verschiedenen Schneeproben. Mit diesem Wissen wollen nun Forscher der Louisiana State University in Baton Rouge Wettervorhersagen präzisieren.

Mächtig viel Gewicht bringen auch die Vertreter der rund 1,5 Millionen Pilzarten auf die Waage. Ihr globales Gewicht wird auf nicht weniger als zwölf Gigatonnen geschätzt. Fast nichts im Vergleich dazu wiegen Sporen, die Pilze zur Vermehrung in die Luft schicken – manche passiv, indem sie die hauchdünnen Fäden vom Wind mitnehmen lassen. Andere aktiv, wie Schimmel- oder Rostpilze, die ihre Sporen in die Luft schleudern. Dazu pumpen sie den Fruchtkörper mit Feuchtigkeit so lange voll, bis er derart anschwillt, dass der wachsende Druck die Fortpflanzungssporen wegkatapultiert.

»Pilzsporen und andere biologische Partikel können einen großen Anteil der Aerosolpartikelmasse in unberührter Regenwaldluft, aber auch in ländlicher und städtischer Umgebung ausmachen«, schreibt die Biochemikerin Janine Fröhlich-Nowoisky in ihrer Studie. »Diese Sporen dienen als Kerne für die Bildung von Wassertröpfchen und Eis und beeinflussen Niederschlagsmuster und den Energiehaushalt der Erde.«

»Ähnlich wie das Plankton im Ozean wimmelt es auch in der Luft von Mikroorganismen – Aeroplankton, das von der Oberfläche aufgewirbelt wird«, ergänzt der NASA-Mikrobiologe David J. Smith. »Die Erforschung dieser Mikroben in der Luft ist erst in diesem Jahrhundert so richtig in Schwung gekommen, da die Forscher herausgefunden haben, wie man effizient Proben sammelt und moderne molekulare Methoden einsetzt. So weiß man heute, dass selbst tote Zellen als Wolken- und Eiskondensationskerne eine funktionelle Rolle für Wetter und Klima spielen können.«

»Die Sporenkonzentration in der Luft ist deutlich höher als bisher angenommen«, fand Viviane Després heraus. »Bis zu zehn davon inhaliert der Mensch bei jedem Atemzug«, hat die Forscherin von der Universität Mainz gemessen. Sie korrigiert den landläufigen

Glauben, die Luft sei nach einem Regen sehr sauber. Das Gegenteil ist der Fall: Dann ist sie mit Abertausenden von Sporen gefüllt.

Gefährlich sind die Winzlinge, wenn sie sich an Wüstenstaub heften. »Es steht außer Zweifel, dass durch das Einatmen von Sporen des Pilzes Coccidioides immitis, die der Wüstenstaub mit sich trägt, Kokzidioidomykose hervorgerufen wird«, so Geoffrey Plumlee, Geochemiker beim Geologischen Dienst der USA. Das sogenannte Wüstenfieber verläuft zwar ähnlich wie eine Grippe, kann jedoch tödlich enden. Interessant ist in diesem Zusammenhang die Herkunft des Wortes Influenza, das besagt, dass Krankheiten vom Himmel fallen.

So gut wie überall - von der Sahara bis in die Antarktis - begegnet uns im Staub der Schimmelpilz Aspergillus. Er sorgt bei der Produktion von Blauschimmelkäse oder ungarischer Salami für die gewünschte Qualität des Lebensmittels. Unangenehm wird der Schimmel erst dann, wenn er sich unplanmäßig auf unseren Lebensmitteln breitmacht. Gefährlich wird er bei Menschen mit einem geschwächten Immunsystem, denn einschlägige Medikamente wirken nicht immer. Viele dieser Pilzvarianten haben Resistenzen entwickelt, schreibt die Mikrobiologin Johanna Rhodes vom Imperial College London.

Dieser Befund dürfte besonders Mitarbeiter von Nagelstudios beunruhigen. Denn sie tragen ein hohes Berufsrisiko durch den Staub von abgeschmirgelten Finger- und Fußnägeln, die von Schimmelpilzen besiedelt sein können. In einem nach dem Zufallsprinzip durchgeführten Versuch wurden aus den Nasen von fünfzig Mitarbeitern von Nagelstudios Abstiche entnommen. Bei 44 Prozent dieser Podologen fand Paul D. Tinley von der australischen Charles Sturt University »eine erhebliche Anzahl der Kulturen des gesundheitsschädlichen Pilzes«.

Was bleibt unterm Strich? Nimmt man alle Stäube zusammen, kommt man auf eine unvorstellbare jährliche Menge von knapp zwölf Milliarden Tonnen.* Nimmt man pauschal das Gewicht der Bakterien und Pilze hinzu, landen wir bei schier unglaublichen 93,997 Milliarden Tonnen!

Für mich waren diese Mengen die erstaunlichste Offenbarung. Wie lächerlich gering erscheint da die Menge unseres Hausstaubs …

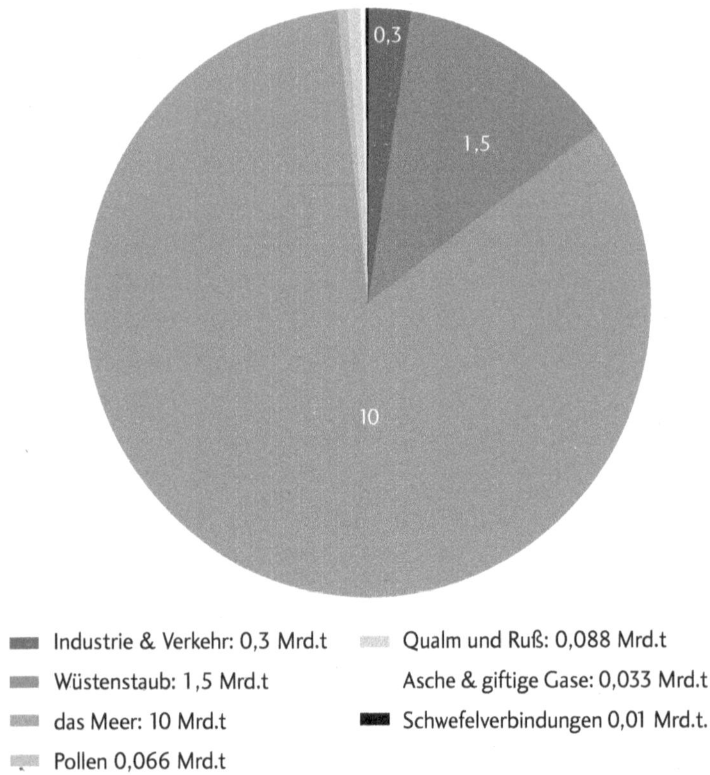

* *genau: 11,997 Mrd.t*

STAUBRÄTSEL (GELÜFTET)

Wie groß ist Staub?

Staub ist nicht gleich Staub. Bei einer Größe von 0,1 bis 2,5 Mikrometer (μm) spricht man von der »Feinfraktion«. Ist er 2,5 bis 10 Mikrometer groß, gehört er zur sogenannten »Grobfraktion«. Bei einem Durchmesser kleiner als 0,1 Mikrometer ist von »ultrafeinen Partikeln« die Rede, wie etwa beim Tabakrauch (0,01 μm). Um sich Mikrometer-Dimensionen – 1/1000 Millimeter oder ein Millionstelmeter – vorzustellen, können Sie ein Haar auf Ihrem Arm zu Hilfe nehmen. Es ist ca. 100 Mikrometer breit. Die allergrößten Staubkörner sind nur zwei Drittel so breit wie dieses Haar. Am untersten Ende der Staub-Skala findet sich Dunst, abgeleitet vom althochdeutschen »tunst« (»Hauch«). Er ist rund 500 000-mal dünner als ein Blatt Papier.

4.
MEIN STAUB-EXPOSOM UND ICH

Während ich diese Zeile schreibe, blicke ich durch Staub – genauso wie Sie beim Lesen dieser Zeilen. Meine erste Staubschicht ist der Schimmer auf den Gläsern meiner Brille. Dann schaue ich durch den Staub zwischen mir und meinem Computerbildschirm – auf den Staub, der dort klebt. Und Sie blicken jetzt gerade durch den Staub, der zwischen Ihnen und dieser Buchseite schwebt.

Wir alle gleichen der *Peanuts*-Figur Pig Pen des amerikanischen Cartoonisten Charles M. Schulz. Sie ist ständig von einer Staubwolke umgeben. »Pig-Pen-Effekt« nennen Wissenschaftler diese Staub-Aura. Jeder Mensch, jedes Lebewesen ist darin eingehüllt. Sie begleitet uns immer und überall. »Persönliche Wolke« oder *personal cloud* wird diese Wolke genannt, die aus Partikeln, Tröpfchen, Sporen, Bakterien und Viren besteht. Dieses individuelle Partikelgemisch ist unser »Stallgeruch«. Sind Sie Bäcker oder Koch? Dann tragen Sie eine Mehlwolke mit sich herum. Sind Sie Förster oder Gärtner? Dann werden Sie von einer Holzwolke umhüllt. Und sollten Sie gerade Wäsche gewaschen haben, dann ist Ihre personal cloud mit Waschpulver gespickt.

Entdeckt wurde die persönliche Staubwolke 1990 durch die erste großangelegte Umweltstaub-Untersuchung. Lance Wallace von der US-Umweltschutzbehörde EPA (Environmental Protection Agency) kreierte damals den Begriff *personal cloud*, und er stellte auch die Ergebnisse bisheriger Staubmessungen in Frage. Sie würden mitnichten das wahre Ausmaß der Expositionen widerspiegeln, denen Menschen tatsächlich in Innenräumen ausgesetzt sind, wo sie bis zu 90 Prozent ihrer Lebenszeit verbringen, davon fast 70 Prozent zu Hause.

»Man muss den Staub direkt am Menschen messen«, war das Credo von Wallace, der die ersten mobilen Staubmessgeräte entwickelte. Diese sogenannten Nephelometer waren so handlich, dass seine 178 Testpersonen aus dem kalifornischen Riverside sie im Alltag tragen konnten – beim Arbeiten, Relaxen, Lesen oder beim Kochen. An sieben aufeinanderfolgenden Tagen in jeder der vier Jahreszeiten wurden die personennahen Partikel gemessen. Stationäre Apparaturen zeichneten die Staubkonzentration außerhalb der Wohnung auf. Das Ergebnis: »Die Probanden emittierten ein Drittel der gesamten Staubexposition«, so Wallace. »Somit entpuppt sich der Mensch als große Staubquelle.«

Viele Hausstaubpartikel stammen von unserer Haut. Von den Zellen unserer knapp zwei Quadratmeter großen Hülle ist nur die Hälfte fest mit dem Körper verbunden. Die andere Hälfte löst sich aus der Oberhaut, als 0,003 bis 0,008 Gramm leichte Hautschuppen, von denen wir »täglich etwa 700 000 einatmen«, so Forscher Wallace. Bis zu zehn Gramm verlieren wir Tag für Tag. Pro Jahr sind das 3650 Gramm – in etwa so viel, wie ein neugeborenes Baby wiegt.

Doch Hautschuppen machen lediglich zehn Prozent der persönlichen Staubwolke aus. Ein weit größerer Teil stammt von unserer Kleidung. Wie leicht sich Flusen lösen, kann man am Flusensieb eines Trockners erkennen. Wallace wurde der Flusen-Effekt klar, als er versehentlich mit dem Arm in Richtung eines Staubmonitors winkte. Das Messinstrument schlug heftig aus. »Ich fing an, mit den Armen vor dem Monitor zu winken und bekam einen reproduzierbaren Effekt«, erzählte er der Autorin Hannah Holmes. »Ich rief einen Kollegen an, der ebenfalls einen Staubmessmonitor zu Forschungszwecken zu Hause hatte und sagte: ›Wayne, winke doch mal mit den Armen vor dem Monitor!‹« Doch dessen Staubmessgerät rührte sich nicht. Schließlich fragte Wallace: »Wayne, wie wäschst du eigentlich deine Hemden?« Dabei stellte sich heraus: Wayne schickt sie in die Wäscherei. Die gereinigten Teile kommen in einer Plastikhülle eingewickelt zurück – und bleiben verpackt, bis Wayne eines der Hemden anzieht. Wallace hingegen wäscht seine Hemden zu Hause und hängt sie dann in den Schrank. So sammelt sich Staub an. Er löste sich vom Hemd, als Wallace seinen Arm bewegte.

»Vielleicht stammt ein Großteil unserer persönlichen Staubwolke von unserer Kleidung«, meint Wallace. Schon beim bloßen Herumlaufen in der Wohnung würden ähnlich große Staubmengen in die Luft gepustet wie beim Staubsaugen. »Fast zwei Milligramm Partikel werden dann pro Minute freigesetzt – etwa halb so viel wie beim Rauchen einer Zigarette«, sagt der Staubforscher.

Trautes Heim, staubiges Heim

Besonders viel Staub sammelt sich in Bereichen, die offen konzipiert sind, wenn also Esszimmer, Wohnzimmer und Küche ineinander übergehen. Als Wallace besonders starke Quellen für Innenraumemissionen ins Visier nahm – darunter Herd und Heizungen – und sie mit Messwerten draußen verglich, erlebte er eine Überraschung.

»Bislang ging man davon, dass zum Beispiel die Benzolexposition dort am größten ist, wo sich Erdölraffinerien, petrochemische Fabriken und Erdöllagertanks finden. In Wirklichkeit aber waren laut unseren Messungen die Benzolbelastungen in der Innenraumluft zwei- bis dreimal höher als in der Außenluft nahe den Fabrikanlagen. Diese ziemlich erstaunliche Tatsache blieb jahrelang unentdeckt«, schreibt Wallace im Abschlussbericht seiner Untersuchungen. Dass Staub drinnen oft gefährlicher ist als der Staub draußen, hängt damit zusammen, dass sich giftige Bestandteile – beispielsweise Schwermetalle wie Blei, Chrom oder Quecksilber und Risikochemikalien – im Hausstaub anreichern. »Expositionen, denen Menschen in Innenräumen ausgesetzt sind, stehen nicht unbedingt in einem engen Zusammenhang mit Emissionen im Außenbereich«, folgert Wallace. »Deshalb können Meldungen, mit denen Menschen über potenzielle Expositionen informiert werden, zutiefst irreführend sein und sind es oft auch. Messungen der persönlichen Schadstoffexposition sind daher unerlässlich.«

Unterstützung erhält Wallace von Andrea Ferro. »Jahrzehntelang haben Wissenschaftler die Emissionen gemessen, die durch Industrie oder Verkehr verursacht werden«, so die Umweltforscherin vom Center for Air Resources Engineering and Science der Clarkson University in Potsdam, N.Y. »Erst in den letzten zehn Jahren haben wir ernsthaft damit begonnen, die Auswirkungen von Luftschadstoffen in Wohn- und Büroräumen auf die Luftqualität und die menschliche Gesundheit zu untersuchen. In den meisten Fällen stellen wir fest, dass die Außenluft viel sauberer ist als die Innenluft.«

Dies bestätigten Untersuchungen in der philippinischen Hauptstadt Manila. Leizel Madueño vom Leibniz-Institut für Troposphärenforschung (TROPOS) in Leipzig hat dafür ein neuartiges tragbares Messsystem entwickelt, das die Konzentrationen zwischen ein- und ausgeatmeter Luft vergleicht. Das Gerät, das bislang nur Ruß messen kann, zeigt, dass Passagiere in öffentlichen Kleinbussen – auch ein Innenraum – dreimal mehr Ruß einatmen als Menschen, die zu Fuß zur Arbeit gehen. Wie das möglich ist, wird noch untersucht. Klar ist jedenfalls: »Dies unterstreicht, dass die Schadstoffkonzentrationen innen um ein Vielfaches höher als in der Außenluft liegen können und mehr Messungen in Innenräumen nötig sind«, schreibt die Forscherin von TROPOS.

Bislang vernachlässigte Schadstoffquellen in Innenräumen sind Möbel und Böden, aus denen reaktive Chemikalien ausgasen. Meist handelt es sich um flüchtige organische Verbindungen (volatile organic compounds, kurz VOC) wie Formaldehyd, Benzol oder Trichloräthylen. Formaldehyd kann die Augen- und Nasenschleimhäute reizen und zu Kopfschmerzen führen. Benzol ist krebserregend, und Trichloräthylen macht den Atemwegen zu schaffen.

Im Freien werden die VOCs durch Hydroxyl-(OH)-Radikale abgebaut, die als »Waschmittel der Atmosphäre« gelten. Diese Radikale entstehen ganz von selbst durch die Wechselwirkung von UV-Licht mit Ozon. Nora Zannoni vom Mainzer Max-Planck-Institut für Chemie wollte wissen: Wie reagieren die Radikale in geschlossenen Räumen, wo UV-Licht Mangelware ist? Zannonis Untersuchungen ergaben: Auch ohne direktes Sonnenlicht entstehen OH-Radikale, die reaktive Chemikalien abbauen. Es bildet sich auf unserer Haut ein chemischer Schutzschild, eine Aura. Dies aber hat Konsequenzen. »Dass wir Menschen reaktionsfreudige Chemikalien selbst umwandeln können, bedeutet, dass wir die Chemie in Innenräumen überdenken müssen«, so die Forscherin. »Denn die Oxidationsfelder, die wir selbst erzeugen, verändern auch viele Chemikalien in unserer direkten Umgebung. Es entsteht eine Vielzahl von chemischen Produkten direkt in unserer Atemzone, deren Auswirkungen auf unsere Gesundheit wir noch nicht kennen.«

Die 360-Grad-Staubanalyse

Um herauszufinden, welche Gesundheitsrisiken von Staub ausgehen, widmen sich immer mehr Wissenschaftler der Erforschung des »Exposoms«. Der Begriff wird verwendet, um die Gesamtheit der Exposition mit Umweltgefahren ab der Empfängnis zu beschreiben: vom passiv eingeatmeten Zigarettenrauch als Baby, über verqualmte Discos, die man als Jugendlicher besucht hat, bis hin zum Feinstaub in einer großen Stadt oder in der Nähe einer Industrieanlage, in der man aufgewachsen ist oder gerade lebt.

Diese neue Forschungsrichtung etabliert sich gerade erst. Die Wissenschaftler sind davon überzeugt, dass Staub das fehlende Puzzlestück ist, um Krankheiten besser zu verstehen. Die technischen Möglichkeiten, um die Wirkung von Staub auf Menschen zu untersuchen, sind jetzt da. Testpersonen können mit streichholzschachtelgroßen, am Arm getragenen Geräten ausgestattet werden. Sie »atmen« jeweils die Luftmenge ein, die der eines menschlichen Atemzugs entspricht. Außerdem wird der Staub in und außerhalb der Wohnung mit Hightech gemessen. Mit speziellen Röntgengeräten wird der Boden im Garten und in der näheren Umgebung regelmäßig nach Schadstoffen durchsucht. Zusätzlich wird mit Drohnen, die regelmäßig über dem Haus kreisen, die Luftqualität gemessen. Und es werden Bienenvölker in der Nähe angesiedelt, um die Tiere als Biosensoren zu nutzen. Der Honig soll Aufschluss über die Feinstaubmenge in der Wohngegend liefern.

Bei dieser »360-Grad-Staubanalyse« wird regelmäßig das »interne Exposom« gemessen: Blutdruck, Hormonspiegel, Urin und vieles andere mehr. Diese sogenannten »Biomarker« sollen Hinweise auf körperliche Veränderungen liefern, die im Zusammenhang mit der Staubexposition stehen könnten. Für die Analyse der riesigen Datenmengen (»big data«) werden Supercomputer verwendet, die selbstlernende bioinformatische Algorithmen anwenden. Kurzum: Mit dem Blick aufs Exposom ist eine neue Ära der Staubforschung angebrochen.

STAUBRÄTSEL (UNGELÖST)

Kann Hausstaub dick machen?

Forscher wollen im Hausstaub einen chemischen Molekülcocktail entdeckt haben, der dick machen kann! Auf diese Wirkung stießen die Wissenschaftler der Duke University in Durham bei der Analyse von Staub aus elf Haushalten. Dabei untersuchten sie die Wirkung des Staubs auf das Wachstum isolierter Fettzellen, sogenannter »Adipozyten«. Tatsächlich wurden Fettzellen in einer Nährlösung zum Wachstum angeregt. In nur zwei Wochen lagerten sie Fett in Form von Triglyzeriden ein. Besonders schnell vollzog sich dies bei Staub, der mit Pestiziden, Möbelschutzmitteln und Phthalaten behaftet war. Diese Weichmacher in Kunststoffen zählen zu den hormonaktiven Stoffen und können Bindegewebszellen in Fettzellen umwandeln. Für den Dickmacher-Effekt genügten bereits drei Mikrogramm dieses sogenannten »Endocrine Disrupting Chemical« (EDC).

Es ist völlig unklar, ob sich die Reagenzglas-Ergebnisse auf den Menschen übertragen lassen. Doch es ist »eine der wichtigsten Erkenntnisse«, so Studienleiter Christopher Kassotis, »dass stoffwechselstörende Substanzen im Hausstaub wohl viel weiter verbreitet sind als bisher angenommen.«

5.
DER STAUBIGE MINI-ZOO

Am 9. Oktober 1676 öffnet ein Stoffhändler die Tür zum Universum des wirklich Kleinen und Unsichtbaren. Von nun an würde Staub nie mehr nur primitiver Schmutz sein. An diesem Freitag schickt der Niederländer Antonie van Leeuwenhoek einen Brief an die Londoner Royal Society, mit dem er aus der wissenschaftlichen Dunkelheit hervortritt. Der Inhalt ist so außergewöhnlich, dass ihn Mikrobiologen heute einfach als »Brief 18« bezeichnen.

Der Autodidakt aus Den Haag hatte in Handarbeit eine Linse konstruiert, die mit ihrer 275-fachen Vergrößerung zehnmal leistungsfähiger war als alles, was vor ihr gebaut wurde. Da van Leeuwenhoek keine naturwissenschaftliche Ausbildung hatte, schaute er mit seinem einlinsigen Mikroskop wahllos überall hin: auf seinen Stuhl und darunter, auf seinen Teppich, in die Münder anderer Menschen und in seinen Rachen. Sofort begann er, seine Zähne mit Salz abzureiben und Essigspülungen zu gurgeln, um das abzutöten, was er in allem erblickt hatte: »Animalcula« nannte er die »kleinen Tiere, die sich so flink untereinander bewegten, dass das ganze Zeug lebendig schien«.

Van Leeuwenhoek war der erste Mensch, der einen Mikroorganismus zu Gesicht bekam – eine Entdeckung von unschätzbarer Bedeutung für die menschliche Gesundheit und unser Verständnis des Lebens auf diesem Planeten. Seine Entdeckung bildete die Grundlage für die Keimtheorie – der größte Fortschritt in der Geschichte der Medizin. Doch es sollte noch 200 Jahren dauern, bis man erkannte, dass diese Wesen sowohl heilen als auch krank machen können. Langsam erst veränderte sich das Bewusstsein für die Bedeutung der Kleinstlebewesen, die unsichtbare Welten bewohnen – vom größten Organismus bis hin zum kleinsten Staub. Jedes noch so winzige Stäubchen sei ein »Garten voller Pflanzen und ein Teich voller Fische«, staunte Gottfried Wilhelm Leibniz (1646–1716), ein Zeitgenosse der ersten Mikroskopierversuche.

Es war der Staub, mit dessen Hilfe jene Naturforscher widerlegt wurden, die noch an eine »Urzeugung« glaubten: Kleine Lebewesen könnten jederzeit spontan aus unbelebter Materie entstehen. Im Jahr 1745 tönte der englische Biologe John Turberville Needham, das perfekte Experiment für die spontane Entstehung geschaffen zu haben. Während die meisten Wissenschaftler davon ausgingen, dass Hitze Lebewesen abtötet, wollte Needham beweisen, dass Mikroorganismen auch nach dem Kochen auf Lebensmitteln wachsen. Nachdem er Hühnerbrühe gekocht hatte, füllte er sie in einen Kolben, erhitzte ihn, verschloss ihn und wartete. Ihm war die Rolle von Staub nicht klar. Mit ihm können vor dem Verschließen wieder Keime in den Kolben gelangen. Nach einiger Zeit wuchsen Mikroorganismen, und Needham konnte sich als vermeintlicher Sieger fühlen.

Um den wissenschaftlichen Streit zu schlichten, lobte die französische Akademie der Wissenschaften 1862 einen Wettbewerb für das beste Experiment zum Nachweis oder zur Widerlegung der spontanen Entstehung aus. Der französische Chemiker Louis

Pasteur (1822–1895) entwickelte daraufhin ein Experiment, das er als »unanfechtbar und entscheidend« bezeichnete – und bei dem Staub die Schlüsselrolle spielte. Im Gegensatz zu Needham hielt er seine Kulturen nach der Sterilisation frei davon. Durch seinen inzwischen berühmten Schwanenhalskolben, der einen langen S-förmigen Hals hat, ließ er Luft einströmen. Gleichzeitig verhinderte er, dass Partikel beim Erhitzen in die Hühner-Bouillon gelangten. Im Kolben regte sich nichts. »Selbst nach monatelanger Beobachtung tauchten keine lebenden Mikroorganismen auf«, notierte der Forscher. Wenn er jedoch Staub ins Gebräu ließ, erschienen lebende Mikroben.

Durch diesen Prozess widerlegte Pasteur nicht nur die Theorie der spontanen Entstehung, sondern er zeigte auch, dass Mikroorganismen überall vorkommen. Die moderne Keimtheorie war geboren.

In feinster Gesellschaft

Der aufblühende Bereich der Mikrobiologie brachte immer neue Mikroorganismen in Verbindung mit Krankheiten, nicht zuletzt auch das bunte Völkchen im Hausstaub: Staubläuse und Hausstaubmilben, Vorratsmilben, Mehl-, Moder- und Raubmilben. Die knapp 50 000 verschiedenen Arten von Hausstaubmilben, die sich in den letzten 400 Millionen Jahren entwickelt haben, sind augen- und kopflos, und erfahrene Globetrotter. Sie wandern um die Welt und reisen in modernen Zeiten schnell und stilvoll – in Sitzpolstern, Gepäck und Kleidung der Passagiere von Flugzeugen. »Man hat sie auch in Zügen und sogar U-Booten gefunden«, ergänzt Clarke David von der National University of Ireland, der einen relativ neuen Brut- und Verbreitungsort für Milben untersucht: Kinderautositze.

»Den meisten Menschen ist nicht klar, dass sie alle möglichen Transportmittel mit Myriaden von mikroskopisch kleinen Mitreisenden teilen«, sagt Pavel Klimov von der University of Michigan. Seine genetischen Vergleichsstudien zeigten, dass sich Milben auf allen Kontinenten verbreiten.

Die modernen Hausmilben stammen von parasitären Milben ab, die auf Vögeln lebten und sich von Federn ernährten. Später wanderten einige Milben in die Nester der Vögel ein und stellten ihre Ernährung auf Staub um. Als Menschen begannen, Häuser zu bauen, zogen die Milben auch dort ein. Dieser neue, sehr weit verbreitete Lebensraum war ein Glücksfall für einige erfolgreiche Milbenarten. Die nur 0,1 bis 0,5 Millimeter großen Biester verkriechen sich erfolgreich in Sofas, Teppichen, Federbetten und Daunenkissen. Im menschlichen Schlafrevier halten sich oft zwischen 60 und 70 Prozent aller im Haus lebenden Milben auf. Schätzungsweise zwei bis zehn Millionen tummeln sich durchschnittlich in der Matratze, die ihr Gewicht dank des Getiers in zehn Jahren verdoppeln kann. Und zwei Jahre alte Kopfkissen bestehen im Schnitt zu etwa zehn Prozent aus Milben.

Deren Welt beschreibt Johanna van Bronswijk in einem der skurrilsten Lehrbücher, das ich kenne. In ihrem Werk *Housedust ecosystem* (Hausstaub-Ökosystem) illustriert die Professorin der Radboud University im niederländischen Nijmegen den Hausstaub als fliegenden Zoo, gegen den kein Kraut gewachsen ist. Das Milben-Wohlfühlklima liegt bei 25 Grad Celsius und einer Luftfeuchtigkeit zwischen 65 und 80 Prozent, hat van Bronswijk mit einem Haarhygrometer und einem Thermometer gemessen. Wenn die Luftfeuchtigkeit auf 50 bis 60 Prozent sinkt, beginnen die Milben zwar auszutrocknen, doch sie überstehen auch Trockenperioden. Sie schließen sich zusammen, um die Feuchtigkeit zu bewahren.

Chemikalien schränken die Milbenpopulation zwar vorübergehend ein, können aber für den Menschen schädlich sein. Einige Kammerjäger empfehlen, Daunenkissen und Bettdecken in den Gefrierschrank zu legen, aber Milben halten Temperaturen bis zu minus 20 Grad Celsius aus. Zumindest erheblich reduzieren lasst sich der Befall durch heiße Dampfreinigung, hat die Abteilung für Immunologie der Universität Glasgow in einer Studie ermittelt.

Vor allem der Teppich ist ein Lustgarten für Staubmilben. Um ihnen dort den Aufenthalt zu vergällen, bietet die holländische Firma Siem & Pabon eine Hightech-Lösung an: den »Fervent Carpet«. Er kann an einen Heizkörper angeschlossen und auf 140 Grad Celsius erhitzt werden, wodurch die Staubmilben abgetötet werden sollen. Der Fervent Carpet besteht aus zwei mit Stoff bespannten Schlauchbahnen, die zu einer kunstvollen Spirale angeordnet sind. Am Rande des Teppichs sind die Schläuche miteinander verbunden, so dass der Teppich wie ein ganz normaler nahtloser Teppich aussieht.

Alternativ könnten Teppichfliesen den Staub einfangen. »Die Struktur des Schlingenteppichs ist so aufgebaut, dass einmal gesetzter Staub zum großen Teil nicht wieder durch Luftzirkulation oder Schritte aufgewirbelt wird«, erklärt baunetzwissen.de. »Die Schlingen bestehen aus zwei verschiedenen Garndicken: Feine Garne nehmen kleine Partikel mit einem aerodynamischen Durchmesser von weniger als zehn µm auf; stärkere Garne binden den gröberen Staub. Durch die Reinigung mit einem herkömmlichen Staub- oder Bürstensauger wird der aufgenommene Staub wieder aus dem Teppich entfernt.«

Warum man die achtbeinigen gepanzerten Arthropoden loswerden will, hat damit zu tun, was die Spinnentiere nach ihrer Mahlzeit in ihrem staubigen Lebensraum wieder ausscheiden. »Ein Milbenweibchen verschlingt pro Tag bis zu 50 Prozent ihres Körpergewichts an Hautschuppen«, weiß Luitgard Marshall von der Bundeswehr-Uni München. »Auf einen Menschen mit einem Körpergewicht von 75 Kilogramm umgerechnet würde dies bedeuten, dass er jeden Tag gut 37 Kilogramm Essen aufnehmen müsste.«

Auch Fadenpilze der Aspergillus-glaucus-Gruppe machen sich über Hautschuppen her und werden dann von den Milben verspeist. Forscherin van Bronswijk fand im Verdauungstrakt außer Hautschuppen auch Pilzsporen und Schimmelpilze. Auf vollgefressene Beute haben es Raubmilben abgesehen. Unter Partikeln verborgen lauert Cheyletus, packt mit mächtigen Klauen die Milbe und saugt sie aus. Gibt es nicht genug Beute, kannibalisieren sich diese Fleischfresser selbst.

»Wir haben es mit einem geschlossenen Kreislaufsystem zu tun, in dem die einzelnen Teilabschnitte voneinander abhängig sind«, doziert Forscherin van Bronswijk. »Pilze leben von Hautschuppen, diese werden von Milben vertilgt, die wiederum fallen Raubmilben zum Opfer. Damit ist der Kreislauf des Hausstaub-Ökosystems geschlossen.«

Doch nicht alle Milben werden von Raubmilben vertilgt. Die überlebenden umhüllen ein Nahrungspartikel mit einer speziellen Membran. In diese Hülle injizieren sie Cysteinprotease, um die Nahrung zu zersetzen. Dann nimmt die Milbe einen Teil der Nährstoffe auf und scheidet die restliche Mischung aus teilweise verdauter Nahrung aus. Diese Kotpellets werden von jungen Milben gefressen. In ihrem dreimonatigen Dasein fabrizieren erwachsene

Milben das 200-Fache ihres Körpergewichts an Kotbällchen. Davon können sich mehr als 250 000 in einem Gramm Hausstaub finden.

»Sobald diese ›eingepackten‹ Fäzespartikel ausgeschieden sind, wird durch Mikroorganismen oder mechanische Einflüsse die Membran aufgebrochen«, schreibt Forscherin Bronswijk. »Ist die Membran zerstört, dann kann der freigesetzte Fäzes-Staub ohne Schwierigkeiten in der Luft durch Zirkulation und Turbulenz verteilt werden. Hausstaub-Allergiker kommen so zwangsläufig mit dem fein verteilten Allergenträger in Kontakt und reagieren auf bestimmte Eiweiße im staubgebundenen Milbenkot mit Hautjucken, geschwollenen Augen und laufender Nase.«

Hausstaub – die Mutter aller Allergene

65 bis 130 Millionen Menschen weltweit reagieren allergisch auf Hausstaubmilben, ebenso wie fast ein Drittel der 30 Millionen Allergiker in Deutschland, so Schätzungen des Deutschen Allergie- und Asthmabunds (DAAB). Entsprechend lang ist die Liste der Ratschläge und Produkte für die Haustaub-Allergiker.

Ihnen könnte schon »so etwas Einfaches helfen, wie das Bett nicht zu machen und es tagsüber so zu belassen«, meint Stephen Pretlove. Denn wer morgens nach dem Aufstehen die Bettdecke fein säuberlich wieder zuschlage, der würde den Milben ein Paradies zur Vermehrung bieten, so der Forscher von der britischen Kingston University. Das genaue Gegenteil rät Steven Adams. »Wir empfehlen, Ihre Matratze jeden Morgen zu lüften, indem Sie die Bettlaken für mindestens 20 Minuten zurückwerfen«, sagt der CEO von Mattress Online. »So kann die Luft zirkulieren und überschüssige Feuchtigkeit entweichen.«

Ausdünstungen sind auch ein Problem für »Encasings«, spezielle Überzüge, die sehr dicht sind und das Eindringen von Wasserdampf, Hautschuppen und Milben verhindern sollen. Wenn die Überzüge jedoch für keine gute Luft- und Wasserdampfdurchlässigkeit sorgen, schläft es sich wie in einer Plastiktüte.

Viel Platz für Diskussionen bietet auch das Putzen. Schlimmstenfalls werden dabei die Partikel, die sich auf Böden und Oberflächen befinden, nur aufgewirbelt, so dass Allergiker erst recht gefährdet werden. »Bei einem Vergleich mehrerer Schulen zeigte sich: Dort, wo am meisten geputzt wurde, fanden sich die meisten Partikel in der Luft«, berichtet Toxikologe Professor Jeroen Buters vom Zentrum Allergie und Umwelt (ZAUM) am Helmholtz Zentrum München. Vor allem für Allergikerhaushalte empfiehlt Buters zuerst zu saugen, und zwar mit einem Gerät, das mit einem zusätzlichen Spezialfilter ausgestattet ist. Danach sei Wischen angesagt. Am besten lasse man parallel dazu einen Luftreiniger laufen, um so viele Partikel wie möglich einzufangen: In einer Studie fanden Buters und seine Kollegen nämlich heraus, dass bestimmte Luftreiniger die Allergenbelastung in Innenräumen um etwa 80 Prozent reduzieren können.

Viele Hausmilben-Allergiker behelfen sich mit Antihistaminika. Sie hemmen die Ausschüttung von Histamin, das für allergische Reaktionen verantwortlich ist. Für diese Medikamente haben laut dem »IGES Arzneimittel-Atlas 2021« die gesetzlichen Krankenkassen rund 44 Millionen Euro erstattet. Die Kosten für Allergiker dürften steigen, denn inzwischen entwickelt jeder Siebte im Laufe der Jahre Asthma. Zwar nehmen in westlichen Ländern die Zahlen der Betroffenen seit einigen Jahren nicht mehr zu. Doch in den Schwellen- und Entwicklungsländern Afrikas, Lateinamerikas und Teilen Asiens gibt es immer mehr Asthmatiker, so die

Weltgesundheitsorganisation WHO. Weltweit leiden rund 235 Millionen Menschen unter Asthma. Experten gehen davon aus, dass die Zahl der Patienten bis 2025 um 100 Millionen steigen wird.

Kinder sind besonders betroffen, für sie gehören Hustenanfälle und Atemnot zu den häufigsten chronischen Erkrankungen. Die Asthma and Allergy Foundation schätzt die Zahl der weltweit erkrankten Kinder unter 18 Jahren auf 6,2 Millionen. Allein in Deutschland, so die Gesellschaft für Pädiatrische Pneumologie (GPP), ist jedes zwanzigste Kind erkrankt. Bei mindestens sieben von zehn Kindern machen sich erste Symptome schon vor dem fünften Lebensjahr bemerkbar.

Bislang gingen Wissenschaftler davon aus, dass Allergien und Asthma durch verschiedene Hausstäube verursacht werden könnten. Doch Untersuchungen deuten darauf hin, dass eher zu wenig Hausstaub daran schuld ist.

Macht zu viel Sauberkeit krank?

Diese Hygiene-Hypothese ist mit dem Namen von David P. Strachan verbunden. Der Professor für Epidemiologie an der University of London wies anhand von Untersuchung bei 17 414 britischen Kindern nach, dass in kinderreichen Familien Allergien seltener vorkommen. In deren Wohnungen gebe es sehr viel Staub, der immunisierend wirke.

Davon ist auch Tianren Wu von der Purdue University überzeugt. Der Ingenieur entwickelte einen Krabbelroboter und ließ ihn über insgesamt fünf Teppiche robben, die sich der Wissenschaftler aus Haushalten geborgt hatte. Mit dem Roboter konnte der Forscher vermessen, welche Mengen an Bakterien, Pilzsporen und Pollen beim Krabbeln aufgewirbelt werden. Zum Vergleich ließen die Forscher zudem einen Erwachsenen über die gleichen Flächen laufen. Die Sensoren waren dabei so leistungsfähig, dass sie jede Sekunde messen konnten, wie viele Aerosole um den Körper des vermeintlichen Babys sowie des Erwachsenen schwebten.

Die stundenlangen Messungen ergaben, dass eine Minute auf einem Teppich ausreicht, um 1000 bis 10 000 Partikel biologischer Herkunft in die Atemwege eines Menschen zu befördern. Babys atmen dabei, bezogen auf ihr Körpergewicht, viermal mehr Partikel ein als Erwachsene. Denn beim Krabbeln wird mehr Staub aufgewirbelt, der leichter in die Atemwege von Babys gelangt, weil sie zu Mundatmung neigen. So gelangen zugleich mehr Teilchen in die unteren Atemwege als bei Erwachsenen.

Der Forscher betont in seiner in der Fachzeitschrift *Environmental Science and Technology* veröffentlichten Studie, dass die Erkenntnisse kein Grund zur Sorge sein müssen. Denn Studien haben gezeigt, dass Kinder vor Allergien und Asthma geschützt sein können, wenn sie schon früh in Kontakt mit vielen unterschiedlichen Keimen kommen.

Eine dieser Studien erschien 2015 im Fachmagazin *Science*. Forscher hatten Mäusen zwei Wochen lang täglich Endotoxine – Bestandteile der äußeren Zellmembran von Bakterien – in niedrigen Dosen verabreicht, die im Stallstaub besonders häufig vorkommen. Anschließend wurden diese Tiere und eine unbehandelte Kontrollgruppe Staubmilben ausgesetzt, die auch beim Menschen allergische Reaktionen auslösen können. Die mit Endotoxinen behandelten Tiere entwickelten keine allergischen Symptome, wohl aber die Kontrollgruppe.

Eine Analyse der Lungenzellen offenbarte, dass der schützende Effekt über das Enzym A20 herbeigeführt wird. »Die Untersuchungen haben gezeigt, dass diese ganze Entzündungskaskade, die zu allergischem Asthma führt, nicht mehr abrollen kann, wenn A20 aktiviert ist«, so Erika von Mutius von der Münchner Ludwig-Maximilians-Universität. »Es wird von einem Gen produziert, und wenn dieses Gen nicht ganz in Ordnung ist, dann gibt es ein hohes Risiko für Asthma«, erklärt die Leiterin der Asthma- und Allergieambulanz der LMU.

Die Ergebnisse der Mäuseforschungen bestätigten sich bei Menschen, als die Forscher 2000 Personen untersuchten, die auf Bauernhöfen aufgewachsen waren. Die meisten von ihnen litten nicht an Asthma oder Allergien, aber diejenigen, bei denen dies der Fall war, wiesen einen Mangel an A20 auf. »Das Enzym selber muss aktiviert werden – und das tut auf irgendeine noch unbekannte Weise der Stallstaub«, erklärt von Mutius. »Doch wir sind auf dem Weg, eine Behandlung zu entwickeln, die im besten Fall Asthma und Allergien verhindern würde. Es gibt eine Menge vielversprechender Arbeiten, und wir kommen langsam ans Ziel.« Innerhalb der nächsten fünf Jahre soll die Wunderpille »Bauernhofstaub« auf den Markt kommen.

STAUBRÄTSEL (GELÜFTET)

Was sind Staublurche, Staubhasen und Staubschafe?

Staub wächst bildlich zu ansehnlicher Größe heran: zu Woll- oder Staubmäusen. Diesen Gebilden, in denen sich alles Mögliche verhaken und verbinden kann, wurden die kuriosesten Namen verpasst. »Wauggel« heißen sie in Bayern, »Mutzeln« im Vogtland und in Sachsen, »Moggeln« bei den Schwaben und »Staubflankerl« in Österreich. Dort wachsen sie zu einem »Lurch« heran und in England werden sie zum »dust bunny« (Staubhasen), in Frankreich gar zum Schaf: »mouton de poussière«.

6.
DIE DNA DES STAUBS

Genüsslich schmatzt der Braunbär im Kopenhagener Zoo fette Lachse. Am anderen Ende des elf Hektar großen Geländes schaltet Christina Lynggaard einen speziellen Staubsauger an, wie ihn Allergiker beim Hausputz gern nutzen. Solche Geräte arbeiten statt mit einem Staubsaugerbeutel mit einer Wasserkammer. Die angesaugte Luft strömt durch das Wasser, in dem die Staubpartikel eingefangen werden. Mit dieser Staubsaugervariante will die Biologin der Universität Kopenhagen beweisen, dass möglich ist, was man für nicht machbar hält: DNA aus der Luft zu saugen – und die aus den Proben gewonnene genetische Information einer bestimmten Tierart zuordnen.

»Als ich die Luftproben im Labor analysierte, sagte ich nur: ›Was für eine wahnsinnige Entdeckung!‹«, erinnert sich die Forscherin. Sie fand nicht nur die DNA von 49 Tierarten, die sogar aus gut verschlossenen Gebäuden und Ställen herausgedrungen war. Sie konnte die DNA auch bestimmten Säugern, Vögeln, Amphibien und Reptilien zuordnen, indem sie auf das sogenannte »Barcoding« zurückgriff. Bei diesem Verfahren werden die Erbgutinformationen sequenziert und anschließend mit solchen Sequenzen abgeglichen, die für viele Tier- und Pflanzenarten in einer DNA-Referenzdatenbank als Barcodes gespeichert sind. Ein solcher Barcode ist der genetische Fingerabdruck einer Art, vergleichbar mit dem Strichcode auf einem Produkt im Supermarkt – beide sind einzigartig für ein bestimmtes Objekt.

Auch über größere Entfernungen zeigte sich keine signifikante Verringerung der DNA-Konzentration. Aus Hunderten Metern Entfernung saugte Lynggaard DNA ein und konnte sehen, welche Lachsart an das Raubtier verfüttert worden war. Es gelang ihr überdies, die Fische in einem Wasserbecken korrekt als Guppys zu bestimmen – nicht mit dem Aquariumwasser, sondern mit DNA aus der Luft. Zudem entdeckte sie die DNA von Tieren in der Umgebung des Zoos: von einem Hund beim Gassigehen, einer Katze beim Streunen und einer Ratte sowie eines Eichhörnchens. Wie die Zootiere hatten auch sie winzige DNA-Partikel hinterlassen, die vom Kot, dem Fell, den Haaren, dem Speichel oder dem Atem der Tiere stammen könnten. »Es kann alles sein, das klein und leicht genug ist, um in der Luft zu schweben«, erklärt Lynggaard.

Die Nutzung der Umwelt-DNA »ist wirklich ein Paradigmenwechsel«, sagt die Forscherin über die »eDNA«, deren »e« vom englischen »environmental« (»aus der Umwelt«) stammt. »Jetzt haben wir einen Zugang zu Informationen, den wir so noch nie hatten. Die Welt ist ein wahres Meer aus DNA: Sie ist im Wasser, im Boden und, wie wir jetzt wissen, auch in der Luft.«

Bislang wurde DNA bereits aus Blut, Speichel, Haaren, Knochen, Kot, dem Boden und aus dem Wasser sequenziert. Dabei kann man aus dem Volumen einer Esslöffelfüllung herauslesen, ob in einem großen See zuvor ein Hirsch gebadet oder ob ein winziger Mauersegler im Vorbeiflug für wenige Sekunden etwas getrunken hat.

Doch eine Art der genetischen Hinterlassenschaften ist bislang außen vor geblieben: die unsichtbare Wolke aus DNA von Haut- und Haarpartikeln, Sekreten und Ausdünstungen, die Menschen und Tiere ständig umhüllt. Diese sind an Staubpartikel gebunden und werden an die uns umgebende Luft abgegeben. Der Nachweis dieser »Staub-DNA« revolutioniert das sehr zeitintensive und damit teure Biomonitoring, die Überwachung der biologischen Vielfalt auf der Erde.

»Man wird ein Tier nicht mehr live sehen müssen, um es erfassen zu können«, erklärt Forscherin Lynggaard. Streifen bedrohte Raubkatzen durch ein bestimmtes Waldstück? Wie viele Schmetterlinge leben in einem Biotop? Der Wind kann deren Staub-DNA zum Ort der Probenahme tragen, etwa Partikel, die sich von Flügeln flatternder Schmetterlinge lösen. Mit Luftsammler-Apparaturen wird eine Welt der passiven, sofortigen Überwachung von Insekten möglich – etwa auf Feldern und Äckern, wo Landwirte auf die ersten Anzeichen eines eindringenden Schädlings aufmerksam gemacht werden könnten.

Auch die Geschichte der Pflanzen, die von Insekten besucht werden, lässt sich nun erzählen. Bienen landen auf Blumen. Raupen kauen daran. Wanzen stechen in Blätter, Spinnen hinterlassen seidene Fäden. Tausend flüchtige Interaktionen erlebt die Flora. Doch viele der Beziehungen zwischen Pflanzen und Tieren blieben bislang undokumentiert. Zu groß ist die Komplexität dieses Ökosystems. Jetzt aber genügt schon ein Hauch Blütenstaub, um etwa die DNA der Biene nachzuweisen, die eine Blüte bestäubt hat. Die eDNA von mehr als 130 Tierarten konnte Philip Francis Thomsen von der Universität Kopenhagen mittels Staub von Pflanzen bestimmen, die mit Fliegen, Käfern, Schmetterlingen, Bienen und Wanzen Kontakt hatten.

Henrik Krehenwinkel schaffte es sogar, die eDNA von 400 verschiedenen Insektenarten bei der Analyse eines handelsüblichen Teebeutels nachzuweisen. Dabei entnahm er die Umwelt-DNA nicht wie üblich von den staubigen Oberflächen der Pflanzen, sondern zerkleinerte getrocknetes Pflanzenmaterial. »Damit können wir nachweisen, welche Insekten im Inneren der Pflanze leben«, so der Junior-Professor von der Universität Trier. Viele Schadinsekten verbreiten sich, indem sie sich in Pflanzen einlagern. Von Krehenwinkels Innovation könnten Pharmaunternehmen und Landwirtschaft gleichermaßen bei der Erforschung von Schädlingen profitieren. Zudem bietet sich Anthropologen die Chance, »in die Vergangenheit zu reisen und zu verstehen, wie sich Gemeinschaften verändert haben«, sagt Krehenwinkel. Diese »historische Linse« würde Bemühungen zum Schutz von Insekten unterstützen, indem zum Beispiel die eDNA aus getrockneten Pflanzen, die jahrzehntelang in Museumssammlungen lagern, mit der eDNA heutiger Pflanzen verglichen wird.

Eine Revolution der Forensik

Zuverlässig bestimmen lässt sich auch die geographische Herkunft von Pflanzen, was der Kriminalistik einen neuen Erkenntnishorizont verschafft. Der Zoll könnte ermitteln, ob Teesorten tatsächlich aus den angegebenen Ländern stammen. Und was bei Tee möglich ist, gilt auch für andere Pflanzen – Drogen beispielsweise. Ebenso könnten Substanzen, mit denen Lebensmittel unerlaubterweise gestreckt werden, zum Herkunftsort zurückverfolgt werden. Zwischen Juli 2019 und November 2021 haben Behörden europaweit 1885 Proben bei Gewürzen entnommen. Die Resultate: 48 Prozent der Oregano-Proben enthielten verdächtige Substanzen. Beim Pfeffer waren es 17 und bei Kümmel 14 Prozent. Übliches Füllmaterial seien Stäube. Möglicherweise ließe sich mit einer eDNA-Analyse sogar ermitteln, durch welche Hände die Streckmittel gegangen sind. Denn mit der eDNA-Methode wird jedes Staubkorn zum Fingerabdruck.

»Ein einziger Staubrückstand kann den Schlüssel zu einem kriminalistischen Problem bieten«, erkannte bereits 1920 Edmond Locard (1877–1966). Der Direktor der Polizeiforschungsanstalt in Lyon formulierte einen für die damalige Zeit ungewöhnlichen kriminalistischen Ansatz, der ihn zu einem der Mitbegründer der Forensik machte. Bislang hatte man sich allein auf die Zeugenaussage oder das Geständnis verlassen, ob unter Folter erzwungen oder nicht. Jetzt aber erkannte Locard: »Überall dort, wo er [der Täter, Anm. d. Verf.] geht, was er berührt, was er hinterlässt, auch unbewusst, all das dient als stummer Zeuge gegen ihn. Nicht nur seine Fingerabdrücke oder seine Fußabdrücke, auch seine Haare, die Fasern aus seiner Kleidung, das Glas, das er bricht, die Abdrücke der Werkzeuge, die er hinterlässt, die Kratzer, die er in die Farbe macht, das Blut oder Sperma, das er hinterlässt oder an sich trägt. All dies und mehr sind stumme Zeugen gegen ihn. Dies ist der Beweis, der niemals vergisst. Er ist nicht verwirrt durch die Spannung des Augenblicks. Er ist nicht unkonzentriert, wie es die menschlichen Zeugen sind. Er ist ein sachlicher Beweis. Physikalische Beweismittel können nicht falsch sein, sie können sich selbst nicht verstellen, sie können nicht vollständig verschwinden. Nur menschliches Versagen, diese zu finden, zu studieren und zu verstehen, kann ihren Wert zunichtemachen« [sic!], schrieb Locard.

In seiner *Analyse der Staubspuren* postulierte er das Grundprinzip forensischer Spurensicherung: Es gibt keinen sauberen Kontakt.

Etwas bleibt immer zurück. »Staub ist einer jener stummen Zeugen, von denen es heißt, sie seien die einzigen Zeugen, die sich niemals täuschen und nicht lügen.«

Kleinste Partikel hüten große Geheimnisse

Heute wird so gut wie an jedem Tatort mit einem Feinhaarpinsel Eisenpulver, gemahlenes Aluminium oder Flammruß auf glatte Flächen wie etwa Türklinken aufgetragen, um verborgene Spuren sichtbar zu machen. Unter dem Mikroskop werden bestimmte Merkmale mit Proben aus Staubsammlungen abgeglichen.

»Forensiker können die materiellen Verunreinigungen des Staubs in eine überzeugende Erzählung oder Herkunftsgeschichte umwandeln«, schreibt Autorin Susan Schuppli über Analysen von Staub, der nach dem 9/11-Anschlag im zerstörten World Trade Center (WTC) in New York gesammelt wurde. Mindestens 100 000 Partikel wurden von jeder Probe mikroskopisch untersucht und die Bestandteile in einem WTC-Staubdatenblatt festgehalten. Anhand dieser Daten berechneten Forensiker den prozentualen Anteil der einzelnen Stoffe in der durchschnittlichen Probe. Was sie entdeckten, konnten sie selbst fast nicht glauben. In ihrer Studie *The Microscopic Analysis of World Trade Center Dust* äußerten sie ihre anfängliche Ungläubigkeit darüber, dass sie Opiat-Rückstände im Staub fanden – und zwar jede Menge. WTC-Beschäftigte müssen deutlich mehr Opiate eingenommen haben als der durchschnittliche Amerikaner. »Das hat mich überrascht«, so Nicholas Petraco, einer der Studienautoren.

Ein weiteres kurzes Beispiel für eine Staubgeschichte, die man aus den geologischen Schichten der WTC-Trümmer ausgraben konnte, ist die von Asbest. »Während der ersten Bauphase des Finanzkomplexes (1966–1973) wurde Asbest aufgrund seiner Zugfestigkeit, seiner geringen Kosten, seines hohen Schmelzpunkts und seiner Widerstandsfähigkeit gegen chemischen Abbau in die Strukturen des WTC eingebaut«, schreibt die Autorin Susan Schuppli. »Für den Nordturm, der bei den Angriffen zuerst getroffen wurde, hat man schätzungsweise 400 Tonnen Asbest verwendet.«

Asbest gilt nach wie vor als eines der robustesten feuerhemmenden Materialien. In den Wochen nach dem 11. September fragten sich einige Ingenieure und Wissenschaftler, ob die mittlerweile verbotene Substanz nicht dazu beigetragen haben könnte, die Brandschäden in den Türmen so lange einzudämmen, dass die Menschen fliehen konnten. Die Implosion der Türme pulverisierte Asbest zu ultrafeinen Partikeln. Die Gesundheitsbehörde des World Trade Center schätzt, dass etwa 410 000 Menschen nach 9/11 mit Rettungs-, Wiederherstellungs- und Aufräumarbeiten beschäftigt waren. »Bei vielen hat die Asbestexposition schwere Erkrankungen verursacht und zu frühzeitigem Tod geführt«, so Schuppli. »In seiner makromateriellen Form war Asbest nicht fähig, die Ausbreitung von Feuer zu verzögern, aber als toxische Mikropartikel eingeatmet, führte es zu Krankheit und Tod.«

Diese Beispiele zeigen, wie sich in winzigen Partikeln komplexe soziale und wirtschaftliche Beziehungen unserer Welt widerspiegeln. Dem Staub bleibt nichts verborgen.

eDNA UND VIREN

Die eDNA-Methode könnte bei der Virenbekämpfung zu präziseren Hygienemaßnahmen führen. Sie nämlich beruhen bislang auf Schätzungen, wie weit Erreger fliegen können. Mit Hilfe einer eDNA-Analyse der Luft könnte nachgewiesen werden, wo genau Erreger auftreten. Entsprechend ließen sich dann Empfehlungen anpassen.

eDNA könnte zudem zu einer besseren Einschätzung beitragen, wie lange Viren in Aerosolpartikeln infektiös bleiben. Jüngsten Studien zufolge spielt neben Feuchtigkeitsgehalt und Raumtemperatur ein bislang unterschätzter Faktor eine Rolle: der Säuregehalt in der Raumluft. Von ihm hängt ab, wie lange Viren infektiös bleiben. Viele Viren sind säureempfindlich. Forscher schlagen deshalb vor, der Raumluft geringe Mengen an flüchtigen Säuren wie etwa Salpetersäure zuzusetzen. Die Ansäuerung der Aerosole könnte Viren schneller unschädlich machen. Bauingenieure dürften wenig begeistert sein: Säuren können Materialien und Leitungen schädigen.

7.
BLÜTENSTAUB – DIE KOSTBARSTE VERFÜHRUNG DER NATUR

Der Geistliche hatte sich auf das Gespräch über Gottes Schöpfung gefreut. Doch was er sich im Juni 1694 anhören musste, schockierte ihn zutiefst. »Jedes Mal, wenn Sie Schnittblumen aus dem Garten holen, dann haben Sie den Pflanzen ihr Geschlechtsteil abgeschnitten«, belehrte ihn Rudolf Camerarius (1665–1721). Und dann setzte der Tübinger Botaniker noch eins drauf, indem er den Pollenflug mit einem Samenerguss verglich.

Heute wissen wir, dass Blütenstaub der kostbarste Staub der Natur ist. Und der Biologe Andreas Weber darf unwidersprochen konstatieren, dass »die Pflanze ein einziges gewaltiges Geschlechtsorgan« ist. Anders als das Tier, »haben die Gewächse ihre Funktionen nach außen gewendet, so dass alles sichtbar ist: am schamlosesten die ungehemmte Sexualität im überschäumenden Meer der Blüten, Samen und Früchte«.

Vor 300 Jahren war die Vorstellung einer Geschlechtlichkeit bei Pflanzen eine Ungeheuerlichkeit. Kein einziges Wort in der Bibel weist auf eine Zweigeschlechtlichkeit bei Pflanzen hin. Wir kennen die Widerworte des Geistlichen nicht, dürfen aber vermuten, dass sie so ähnlich geklungen haben, wie noch im Jahr 1860 der Botaniker William Jackson Hooker: »Viele Arten wurden gleichzeitig am dritten Schöpfungstag ins Leben gerufen, jede deutlich von den anderen verschieden und dazu bestimmt, es zu bleiben.«

Ganz offensichtlich hat er die Veröffentlichung *De Sexu Plantarum Epistola* (Brief über das Geschlecht der Pflanzen) von Camerarius nicht zur Kenntnis genommen. Sie trägt das Datum 25. August 1694. Der wohl wichtigste Tag in der Geschichte menschlicher Vorstellungen über Pflanzen. 2000 Jahre lang waren sie von der Geschlechtslosigkeit und Reinheit geprägt – Merkmale, die heute noch mitschwingen, wenn davon die Rede ist, dass eine Jungfrau durch Geschlechtsverkehr »defloriert« wird.

In einfachen Experimenten hatte Camerarius nachgewiesen, dass Blütenstaub für die Fruchtbildung verantwortlich ist. Er hatte die Staubgefäße männlicher Rizinusblüten entfernt, ebenso die weiblichen Blütenquasten bei Maispflanzen – mit der Folge, dass sie keine Früchte mehr entwickelten.

Damit war zwar klar, was es bedeutet, wenn Pollen auf die Narbe (Stigma) des Stempels (Pistill) einer Pflanze treffen, aber »zur Lösung dieser schwierigen Frage, was die Körnchen der Staubbeutel enthalten, wie weit sie in den weiblichen Apparat eindringen« wünschte er sich Antworten »von denen, die durch ihre optischen Instrumente mehr als Luchsaugen haben«.

Es war der Berliner Schuldirektor Christian Konrad Sprengel (1750–1816) – ein wissenschaftlicher Außenseiter –, der 1793 in seinem Werk *Das entdeckte Geheimniss der Natur im Bau und in der Befruchtung der Blumen* haarklein die Anordnung der Geschlechtsorgane von 500 Pflanzenarten beschrieb.

Der Botaniker Johannes Hedwig (1730–1799) wies dann nach, dass Insekten von Pflanzen durch Duft, Farbe und Nektar angelockt werden, den sie naschen – und, wie die Bienen, auch bitter nötig haben. Denn sie verbrauchen, relativ zu ihrem Körpergewicht, schier unglaublich viel Energie. Allein für den Take-off nach dem Blütenbesuch benötigt der Organismus umgerechnet etwa die Energie, die dem Kerosinvorrat eines für einen Transatlantikflug vollgetankten Jumbojets entspricht. Der Treibstoff der Bienen ist der Nektar, den es gleichsam als Belohnung für den Pollentransport gibt. Der Besucher wird mit Blütenstaub bepudert. Was an den Körperhärchen hängen bleibt, wird an der nächsten Blüte abgestreift. Ein bestimmter Klebstoff, der sogenannte Pollenkitt, verbessert die Haftung.

Vor allem Autofahrer fürchten den recht klebrigen Staub, den man schwer wieder loswird. Autoexperte Andreas Hölzel vom ADAC gibt allerdings Entwarnung: »An und für sich machen Pollen auf dem Autolack nichts aus.«

Mit solchen Problemen musste sich ein 22-jähriger angehender Botaniker noch nicht beschäftigen. Er war vom indirekten Sex der Natur derart fasziniert, dass er überschwänglich schrieb: »Pflanzen werden von Liebe erfasst.« In seinem Essay »Vorspiele pflanzlicher Begattung« nannte Carl von Linné (1707–1778) den Pollen »Ehemann«, den Stempel »Ehefrau«. Der berühmt gewordene Naturforscher schwärmte über Blütenblätter, die als »Brautbett« dienen, »parfümiert mit so süßen Düften, dass der Bräutigam und die Braut hier ihre Hochzeitsnacht mit umso größerer Erhabenheit feiern können«.

Tatsächlich geschieht beim »Liebesakt« Erstaunliches, wie Daphne Preuss von der Universität Chicago beobachtet hat. Der Pollen geht mit der Narbe eine so feste Verbindung ein, dass nicht einmal eine Zentrifuge ihn zu trennen vermag – vorausgesetzt, die Chemie stimmt. Blütenstaub fremder Spezies haftet nur locker, so als ob ihm die Blüte sagen wolle: »Bleib mir vom Leib.«

Die »Liebe im Wind«

Auch windblütige Pflanzen sorgen dafür, dass möglichst nur arttypische Pollen anlanden. Kiefern zum Beispiel setzen bei der Anemophilie – der »Liebe im Wind« – rund fünf Millionen Pollenkörner frei. Um sicherzustellen, dass nicht die Mehrzahl von einer anderen Pflanzenart aufgenommen wird, hat jede Koniferenart eine eigene verblüffende, aerodynamische Pollenstruktur entwickelt. »Jede Pollenart zeichnet sich durch eine ganz bestimmte Größe, Form und Dichte aus. Diese Faktoren legen ihr Verhalten in der Luftströmung fest«, schreibt der Biologe Karl J. Niklas von der Cornell-Universität. »So filtern die Zapfen selektiv die eigenen Pollen aus der Luft und lassen die anderen passieren«, entdeckte er mit Computersimulationen und künstlichen Pollen, deren Flugverhalten er filmte.

Die Strukturen der Pollen sind so angelegt, dass sie Windwirbel optimal nutzen können und eine sanfte Landung garantiert ist. Auch »Staubsamen« gelingt es, die Sinkgeschwindigkeit zu reduzieren, und zwar durch ein besonderes Oberflächen-Volumen-Verhältnis, das man von Staubkörnern kennt. So schafft es ein kleiner Orchideensamen, nur ungefähr vier Zentimeter pro Sekunde zu sinken – im Vergleich zu einem Ulmensamen mit einer Fallgeschwindigkeit von etwa 60 bis 70 Zentimetern pro Sekunde.

Windblütige Pflanzen produzieren eine Menge an flugfähigen Pollen, vor allem die Haselnuss, die Birke und verschiedene Grassorten. Deshalb leiden Allergiker bei den Pollen dieser windblütigen

Pflanzen besonders unter Heuschnupfen, verquollenen Augen und Hautreizungen.

Um nicht allzu verschwenderisch mit den Pollen umzugehen, haben manche Pflanzen einen Mechanismus entwickelt, der verhindern soll, was man bei Männern »Ejaculatio praecox« nennen würde: den vorzeitigen Samenerguss. Bei der Kornblume (Centaurea cyanus) ist zu diesem Zweck die Spitze der männlichen Organe, die erigiert herausragen, unempfindlich. Nur der darunter liegende Schaft ist erregbar und so angelegt, dass jeweils lediglich eine bestimmte Pollenmenge abgegeben wird, die am Insektenkörper kleben bleibt. Eine rationierte Pollenmenge schießt die Kanonierpflanze (Pilea) auf den Bestäuber ab, ebenso die Luzerne (Medicago sativa), die über eine Art Katapult verfügt, spiralig aufgespulte Geschlechtsorgane, die unter Spannung stehen und sich bei Bedarf lösen.

Nur etwa jede fünfte Pflanze verlässt sich vollkommen auf den Wind, die Mehrheit setzt auf den viel sichereren Pollentransport durch Insekten. Dafür aber müssen sie ihnen etwas bieten. Manche Pflanzenarten gehen dabei so weit, die Aufmerksamkeit der Insekten mit einem Farbwechsel der Blüte zu wecken. »Wir haben hier eine Lantana, deren Blüte in den letzten drei Tagen am ersten Tag gelb, am zweiten orange und am dritten Tag violett war«, beobachtete Fritz Müller (1821–1897), einer der Pioniere der Blütenökologie bei dieser Pflanze im brasilianischen Urwald. »Soweit ich gesehen habe, werden die violetten Blüten niemals berührt. Einige Arten steckten ihren Rüssel sowohl in die gelben als auch die orangen Blüten, andere nur in die gelben Blüten des ersten Tages. Dies ist, wie ich denke, ein interessanter Fall. Wenn die Blüten schon am Ende der ersten Tage abfielen, wäre der Blütenstand weit weniger auffällig. Und wenn sie ihre Farbe nicht wechselten, würde viel Zeit durch die Schmetterlinge, die ihre Rüssel in die bereits befruchteten Blumen stecken, verloren gehen.«

Der Farbwechsel ist also sowohl im Interesse der Pflanze als auch des Bestäubers. Die roten und violetten Blüten haben die Aufgabe, die Auffälligkeit des Blütenstandes zu erhöhen. Ein sattes Gelb signalisiert, dass die Pflanze jung ist und eine Menge Nektar zu bieten hat. Wenn die Blüte älter wird und der Nektargehalt abnimmt, verblasst diese Farbe. Bei richtiger Einschätzung der Farbveränderungen sparen die Bestäuber Energie, weil sie Blüten, die nur wenig oder keinen Nektar haben, gar nicht erst besuchen.

Darwins Vorhersage und seine »furchtbare Frage«

Solche wechselseitigen Beziehungen haben im Laufe der Evolution zu bemerkenswerten Anpassungsleistungen geführt. Das wohl extremste Beispiel ist die Orchidee Angraecum sesquipalde. Sie hat ihre Blüte auf die Mundpartie des bestäubenden Insekts adaptiert. Die Dschungelpflanze aus Madagaskar besitzt wächserne weiße Blütenblätter und einen auffälligen Sporn: Auf Letzteren bezieht sich der Namensteil »sesquipedale«, was »anderthalb Fuß« (50 cm) bedeutet. Der Sporn ist fast so lang und nur am untersten Teil mit Nektar gefüllt.

Als Charles Darwin einen in England kultivierten »Stern von Madagaskar« untersuchte, stellte er die These auf, dass es ein Insekt geben müsse, dessen Zunge so lang ist, dass es den Nektar aufsaugen und für die Bestäubung sorgen könne. »Die Entomologen haben meine Vermutung belächelt«, schrieb der Evolutionsforscher. Es dauerte 30 Jahre, dann wurde ein Nachtfalter entdeckt, auf den Darwins Vorhersage zutraf. Die Zunge war entsprechend lang und wird wie ein Schlauch aufgerollt, solange sie nicht gebraucht wird. Die Gattung dieser Nachtfalter wurde Xanthopan morgani praedicta getauft – »praedictus« heißt »vorhergesagt«, eine Huldigung an Darwin, der zu diesem Zeitpunkt schon lange tot war.

Zeitlebens quälte ihn, wie er es formulierte, »eine furchtbare Frage«, die Paläobotanikern noch heute auf den Nägeln brennt: Wann und wie haben sich die Blütenpflanzen entwickelt? Diese Pflanzen haben in rasender Geschwindigkeit das Gesicht der Erde radikal verändert. Sie liefern uns Nahrung, Rohstoffe, Medizin – und Blumen haben nicht nur Wiesen und Wälder, Äcker und Felder erobert, sondern auch unsere Herzen. Wir sagen es immer dann mit Blumen, wenn uns die Worte fehlen.

Ihr Siegeszug begann in der Kreidezeit. Nach geologischen Maßstäben ist das noch nicht lange her. Würde man die Erdgeschichte auf eine Stunde verdichten, wären die Blütenpflanzen vor gerade mal 90 Sekunden aufgetaucht.

Farne und Nadelbäume gab es schon 200 Millionen Jahre früher. Dennoch ist die Zahl der Blütenpflanzenarten heute 20-mal so groß. Innerhalb von nur fünf Millionen Jahren entstanden 250 000 Arten. Botaniker sprechen von der »großen Radiation«, einer großen Auffächerung einer Art und der Herausbildung besonderer Anpassungen an die Umwelt.

In immer neuem Gewand – auffälligen Kronblättern – wurden die Blütenpflanzen vor 100 Millionen Jahren zu unschlagbaren Blickfängern für die Insekten, insbesondere für jene Arten, die damals gerade entstanden: die Bienen. Sie kamen erst in die Welt, als es die Blütenpflanzen gab und diese wiederum konnten den Planeten erst mit Hilfe der Bienen und Insekten erobern.

Die gegenseitige Entwicklung beider Gruppen, die Koevolution, zeigt, wie in der Natur alles ineinandergreift, wie das Kleinste, der

Blütenstaub, zu Großem befähigt. Um ihn ringen nicht nur Insekten, sondern auch Fledermäuse und Kolibris – und dabei haben auch die Kleinsten gute Chancen. Kolibris werden von ihren Lieblingsblumen durch Attacken von Prachtbienen verscheucht. Dies konnten Bonner Forscher an künstlichen Futterstellen beobachten. Stachellose Bienen der Gattung Terragonisca rempeln im Flug die Vögel vor der begehrten Blüte so lange an, bis diese von dannen ziehen.

Gibt es einen schöneren Beleg für Camerarius' Entdeckung, dass Blumen der Verführung von Insekten dienen?

STAUBRÄTSEL (GELÜFTET)

Warum quillt die Lunge nicht über vor lauter Staub?

Egal, ob wir ruhig sitzen und tippen, ob wir gehen oder schlafen – ständig befinden wir uns in feinster Gesellschaft. Fortwährend atmen wir Staub ein. Dass die Lunge nicht vor lauter Staub überquillt, verdanken wir der evolutionären Anpassung unserer Spezies an staubige Wüsten und feucht-warme Wälder, an modrige Höhlen und heiße Savannen. Wir haben einen bewundernswert staubdichten Organismus entwickelt – zumindest einigermaßen staubdicht, was natürliche Stäube betrifft. Seit dem Industriezeitalter aber sind neue Stäube hinzugekommen. Diese Winzlinge zählen zu den Feinstäuben. Sie wirken nicht nur auf die Lunge, in die wir sie einatmen: Finden die Partikel einen Weg in die unteren Atemwege und gelangen in den Blutstrom, können sie im Körper Entzündungsreaktionen auslösen.

8.
VON BÜCHERSKORPIONEN UND STAUB-TAGEBÜCHERN

Die Angestellten der britischen National-Trust-Bibliotheken haben die Anweisung erhalten, drei Jahre lang keinen der 500 000 Bände abzustauben. »Die Bücher leiden mehr unter der jährlichen Abstaubaktion als unter der Staubschicht«, erklärt Peter Brimblecombe, Experte für Staub-Management in Bibliotheken, Galerien, Museen und historischen Gebäuden. Dort ist der Kampf gegen den Staub so schwierig, dass er zum Gegenstand systematischer wissenschaftlicher Untersuchungen wurde.

Dabei werden unter anderem Besucher von Museen und Schlössern befragt. Sie reagieren auf Staub zwiespältig, fand der britische Atmosphärenchemiker heraus. »Sie sagen oft: ›Wow, der Staub gab dem Ort diese enorme Atmosphäre von Historizität.‹ Aber wenn wir sie dann später fragen, ob wir irgendetwas verbessern sollten, antworten sie: ›Ja, ihr solltet anständig Staub wischen.‹ Es ist also ein sehr schwieriges Managementproblem, auf diese widersprüchlichen Wünsche richtig zu reagieren.«

Untersuchungen des Staubs, den die Besucher in die Gebäude tragen, ergaben: Der von den Schuhen aufgewirbelte Staub fliegt kaum höher als 20 Zentimeter und fällt in der Regel rasch auf den Boden zurück. Der meiste Staub stammt von der Kleidung und den Hautschuppen sowie den Haaren. Die Kleidung wirft umso mehr Fasern ab, je mehr sich die Menschen bewegen.

Es könnte also von Vorteil sein, die Art und Weise zu ändern, wie die Besucher an den Ausstellungsstücken vorbeigeführt werden. Mit jedem zusätzlichen Meter, den Menschen von Möbeln oder Bildern ferngehalten werden, halbiert sich die Staubmenge. Mindestens zwei Meter sollten ein Ausstellungsstück von der Tweedjacke eines Besuchers trennen, so Brimblecombes Empfehlung. Von Abzweigungen rät der Staub-Experte ab: »Man sollte die Wege so gestalten, dass die Leute nicht scharf um die Ecke biegen oder hin und her laufen.«

Eine Alternative sind verglaste Schauschränke. »Ausstellungshilfen« heißen sie im Handbuch der allgemeinen Museologie. »Mittels eng schließender Gläser sind sie dicht und bieten auf diese Weise objektgerechten Schutz vor Schäden durch Staub.«

Wo diese Kästen nicht möglich sind, kostet es viel Zeit und Geld, Staub zu entfernen. Den Aufwand kennt Kate Frame nur zu gut. Die Leiterin der Hauswirtschaft der Historic Royal Palaces verwaltet die fünf königlichen Gebäude in Großbritannien. Ihr zufolge sind täglich etwa 40 Stunden Reinigung nötig, um den königlichen Staub in Schach zu halten. Kostenpunkt: jährlich mehr als 150 000 Euro.

Der Zielkonflikt: Einerseits kann selbst die sanfteste Begegnung mit einem Staubsauger eine empfindliche Oberfläche zerkratzen oder Fäden aus einem alten Wandteppich heraussaugen. Bei antiquarischen Büchern kann schon das Herausnehmen und Wiedereinstellen eines Bandes zu Schäden, etwa am Buchrücken, führen.

Andererseits muss Staub gewischt werden. »Staub bedeckt Informationen, die Farbe wird vermindert, die Strukturen werden verdeckt«, sagt Steffen Bock, Konservierer in der Säugetiersammlung des Museums für Naturkunde Berlin. »Wir können einzelne Merkmale nicht sehen. Zum Beispiel in der Säugetiersammlung haben wir Schädel, die sind handbeschriftet, da sind die Informationen auf dem Schädel drauf. Und wenn Staub auf diesem Schild drauf ist, dann können wir die Information nicht mehr lesen. Wir können das Objekt dann nicht mehr zu Katalogeinträgen zuordnen, wir müssen es also erst reinigen«, erklärt Bock im Deutschlandfunk. »Wir haben vor drei Jahren angefangen, die Geweih- und die Gehörnsammlung zu reinigen, das sind ungefähr 4600 Objekte, und dafür haben wir tatsächlich über drei Jahre gebraucht, um die alle aufzunehmen und zu reinigen.«

Biotop Bibliothek

Zu kämpfen hat das Naturkundemuseum auch mit dem Musemskäfer. »Am liebsten geht er an Präparate, die noch nicht so uralt und verstaubt sind«, sagt Joachim Willers, Käferexperte des Naturkundemuseums, dem *Tagesspiegel.* »Er ist sehr zählebig. Wenn nichts anderes da ist, frisst er auch seine eigene Larvenhülle. Oder Staub.« Um 1760 hat Carl von Linné Anthrenus museorum beschrieben, der eine Körperlänge von zwei bis drei Millimeter erreicht. Eine Art wird »Berlinkäfer« genannt, weil sie sich offenbar ausschließlich den Sammlungen im dortigen Museum widmet, sie von innen her anknabbert und pulverisiert. Bei Anzeichen für einen Befall wird die Kiste zweimal schockgefroren. Das erste Kältebad überstehen die Eier, so wie sie auch minus 20 Grad Celsius in Sibirien oder Lappland überleben. Dann werden sie dem Kühlfach entnommen, und die Schädlinge wähnen sich im Frühling, schlüpfen und entwickeln sich. Nun werden sie wieder ins Kühlfach gesteckt. Diese plötzliche zweite Eiszeit überleben sie nicht.

Auch Bibliotheken haben ihre liebe Not mit Schädlingen. So können sich zwischen Buchseiten Bücherskorpione verstecken. Trotz ihrer Scheren sind die wenige Millimeter großen Pseudoskorpione nicht gefährlich. Für Archivare sind sie sogar ein wichtiger Hinweis, denn die Spinnentiere ernähren sich von Bücherläusen, die wiederum ein Indiz für Schimmel sind. Schimmel ist nicht nur für den Archivbestand eine Bedrohung, sondern auch für die Beschäftigten. Bei der Untersuchung von 110 Angestellten in Archiven, Bibliotheken und Restaurierungswerkstätten in Deutschland stellte sich eine höhere Luftbelastung durch Schimmelpilze heraus als bei der Kontrollgruppe.

Ums Staubwischen kommt man also nicht herum. »Was wir wirklich suchen, ist die grundlegende Formel für die Staubbekämpfung – das optimale Intervall zwischen den Reinigungsvorgängen«, erklärt der Staub-Experte Peter Brimblecombe. »Wir wissen, dass bei historischen Häusern die Reinigungskräfte eine Oberfläche als reinigungsbedürftig ansehen, wenn der Deckungsgrad bei etwa drei Prozent liegt. Aber ist Staubwischen dann wirklich notwendig?« Um den Grad der Staubansammlung genauer zu erkennen, werden Staubpads – zweimal zwei Zentimeter große Klebepflaster – an Bücherregalen, Vorhängen und Wandteppichen angebracht. Nach einigen Wochen werden die Klebepads unter dem Mikroskop untersucht, um festzustellen, wie viele Partikel sich darin verfangen haben und woher sie stammten.

Prinzipiell ist diese Methode nicht neu, nur die Technik hat sich geändert. Speziell im späten 18. Jahrhundert war es üblich, dass Haushälterinnen Tagebücher führten, in denen sie sehr detailliert beschrieben, wann sie Staub wischten und wie viel Staub sich an welchen Orten angesammelt hatte. In der Viktorianischen Zeit gab es sogar so viel Ruß aus offenen Kaminen, dass Möbel und Tapeten dunkel gefärbt waren, um den Staub zu verbergen.

Im 19. Jahrhundert wurden Antimakassars eingeführt. Diese Stoffbezüge sollten verhindern, dass ein Sitz oder ein Sessel auf Kopfhöhe durch die Haare beschmutzt wurde. In diese Richtung zielt auch die Forderung einiger Museumsbetreiber. Sie wollen Exponate mit transparenten Plastikumhängen vor dem Staub der Besucher schützen. Diskutiert wird auch, Besucher mit speziellen Umhängen auszustatten. Sorgt Staub dafür, dass unser Museumsbesuch in Zukunft ein anderer sein wird?

STAUBRÄTSEL (GELÜFTET)

Warum ist Hausstaub grau?

Während Schmutz etwas ist, das an einem Ort gefunden wird, wo es nicht hingehört, reproduziert Staub in Miniaturform alles, was uns umgibt. Staub, der in unserem Zuhause stiebt, kommt aus aller Welt: als Sand aus fernen Wüsten, als Staub aus der Kaffeemaschine, als kosmischer Staub ferner Sterne, als Blütenstaub von Fichten im Liebesrausch, als Reifenabrieb vom Verkehr oder als Haarpartikel und Hautschuppen. Staub ist ein Botschafter mit Nachrichten, mal von ganz nahe, mal von ganz weit weg.

In Hausstaub stecken auch farbige Fasern: vom Pullover, der Hose, dem Rock oder der Bettwäsche. Warum ist Staub trotz farbiger Bestandteile grau? Die Erklärung lieferte der deutsche Physiker Gustav Mie (1868–1957). Anfang des 20. Jahrhunderts berechnete er die Art und Weise, wie Partikel Strahlung streuen, die von ihnen reflektiert wird. Ergebnis: Immer wenn sich in einer Ansammlung von Partikeln neben kleinen auch größere Teilchen befinden, wird Licht in alle Richtungen gestreut, unabhängig von den Wellenlängen des Lichts. Durch diese Mie-Streuung vermischen sich die Spektralfarben. Die Staubkörnchen erscheinen grau.

9.
DER STAUB DES SISYPHOS

Quentin Crisp britischer Dandy, Exzentriker und Autor, stellte folgende Theorie auf: »Nach vier Jahren hat die Staubanlagerung in einer Wohnung ihren Höhepunkt erreicht – danach wird's nicht mehr, der Staub zerfällt.« Crisp reinigte sein Apartment in New York über fünf Jahre nicht. Aber er sah stehts aus wie aus dem Ei gepellt.

Crisp ist der Antipode von Miss Hinch, die mit bürgerlichem Namen Sophie Hinchliffe heißt. Die Britin ist eine der einflussreichsten Vertreterinnen der Gattung »Cleanfluencer« – eine Wortkreation aus »clean« und »Influencer«. Ihr sehen 4,6 Millionen Follower zu, wie sie Staub wischt, zum Beispiel mit der Hose ihres Gatten: »Ich habe gerade Jamies Hose benutzt, die er auf dem Boden liegen gelassen hat, um alles abzustauben«, sagt sie in einem Video, das sie in ihrer Instagram-Story teilt.

Wenn es ums Staubwischen geht, liegen die meisten Menschen wohl irgendwo zwischen diesen beiden Extremen. Niemand greift jahrelang zu keinem Staubtuch. Und ein Millionenpublikum hat auch keiner bei dieser Tätigkeit, die einem wie eine Sisyphosarbeit vorkommt. »Immer, wenn man denkt, jetzt habe ich es aber geschafft, geht die Arbeit von vorne los. So wie bei dieser bedauernswerten Kreatur aus der griechischen Mythologie«, jammert Katja Schwiglewski in einem Beitrag des WDR. »Weil Sisyphos die Götter verärgert hatte, muss er zur Strafe einen schweren Felsklotz den Berg hinaufwälzen. Kurz vor dem Ziel rollt der aber jedes Mal wieder ins Tal und Sisyphos muss von unten neu anfangen – Sinnbild für mühsame, wenig erfolgversprechende Arbeit ohne absehbares Ende.«

Albert Camus (1913–1960) fordert uns auf, uns Sisyphos als einen glücklichen Menschen vorzustellen. Der französische Schriftsteller und Philosoph versteht Sisyphos als Allegorie des Lebens. Der Mensch sucht vergeblich nach einem Sinn, kann die ewig gleiche Handlungsabfolge jedoch hinnehmen und so ein Stück weit seine Freiheit zurückerobern. Es gelte jene Gegebenheiten zu akzeptieren, die wir nicht zu ändern vermögen, und Entscheidungen zu treffen, die wir beeinflussen können. Wir müssen einfach nur losgehen.

Psychologische Studien geben Camus recht. Staubwischen gibt 57 Prozent der Befragten ein Gefühl der Zufriedenheit. Diese Tätigkeit scheint eine therapeutische Wirkung zu haben. Die Stimmung vor und nach dem Putzen zeigte sich deutlich verändert, genau wie bei einer Therapiesitzung.

Zu einem ähnlichen Fazit kam eine Studie des deutschen Marktforschungsinstituts rheingold salon. »Putzen hilft den Menschen, den Alltag besser zu bewältigen und einem Gefühl von Ohnmacht und Überforderung entgegenzutreten. Wir sehen eine neue Macht des Putzens«, erklärt Jens Lönneker, Gründer und Geschäftsführer von rheingold salon. »Putzen ist nicht nur ein wirksames Mittel, um die Wohnung in Ordnung zu halten, sondern leistet auch einen wertvollen Beitrag, das eigene Seelenleben zu stabilisieren.«

DIE FÜNF PUTZTYPEN

Welche psychologischen Motive eine Rolle spielen, zeigt eine Studie des Industrieverbands Körperpflege- und Waschmittel e. V. (IKW), die fünf Putztypen identifiziert:

Die »Perfektionisten«, so der IKW, lieben es vollkommen sauber und ordentlich. Jeder Schmutz muss sofort nach der Entstehung entfernt werden.

Die »Kaschierer«, so der IKW weiter, bevorzugen Ordnung an den Stellen, die für alle sichtbar sind. Offensichtliche Unordnung und Dreck müssen zwar beseitigt werden, der Putzaufwand sollte aber möglichst gering sein.

»Nach Ansicht der ›Herrscher‹ putzt niemand so gut wie sie oder er selbst, auch wenn das Putzen an andere delegiert wird. Ihre Auffassung von Sauberkeit ist die einzige, die sie gelten lassen«, heißt es in der Studie.

»Die ›Lebenskünstler‹«, so der IKW, »widmen sich dem Thema Putzen mit großer Gelassenheit und legen für sich ganz individuell fest, was sauber ist. Dazu passt, dass dieser Putztyp häufig auch ganz eigene Ordnungssysteme entwickelt.«

Menschen, die dem Putztyp »Kontroletti« ähneln, könnten auch als heimliche Herrscher bezeichnet werden, folgern die Psychologen. »Auch sie glauben, die Einzigen zu sein, die wissen, wie richtig geputzt wird.«

Putzen ist eine Kulturtechnik wie Schreiben und Kochen, und sie entwickelt sich auch technisch weiter. Früher waren in jedem Haushalt Teppichklopfer vorhanden sowie in den Gärten und Innenhöfen Klopfstangen montiert. Eine Alternative war der Teppichroller, der noch bis in die Siebzigerjahre ein günstiges Reinigungsgerät blieb.

Polstermöbel wurden mit Bürsten vom Staub befreit oder mit einem Staubwedel, wie ihn das Cover dieses Buches zeigt. Dieses Instrument gibt es mit synthetischen Fasern, Naturfasern oder Federn. Gemeinsam ist ihnen, dass sich die Fasern beziehungsweise Federn elektrostatisch aufladen und so den Staub anziehen. Durch Ausschütteln des Staubwedels lösen sich die Partikel wieder.

Heute bekämpfen wir den Hausstaub vornehmlich mit Staubsaugern. Sie haben nichts mehr gemein mit der Erfindung des Londoner Brückenbauingenieurs Hubert Cecil Booth. Er robbte 1901 mit einem Taschentuch vor dem Mund über den Teppich und saugte dabei Luft ein. Er wollte ausprobieren, ob so der Staub vom Teppich am Taschentuch kleben bleibt. Booth hatte beobachtet, wie in Zügen Staub mit einem Blasgerät von den Sitzen gepustet und in einem Blechkasten aufgefangen wurde. Booth erkannte, dass Saugen sinnvoller war.

Er meldete ein Patent für eine Vakuumpumpe an. Praktisch zeitgleich erstellte der Amerikaner David T. Kenney eine erste Vakuum-Entstaubungsanlage. Ein jahrelanger Rechtsstreit bestätigte Booths Erstpatentanspruch. Die ersten Staubsauger mussten allerdings noch von zwei Personen bedient werden. Zum Durchbruch verhalf dem Staubsauger der asthmatische Hausmeister James Murray Spangler aus Canton, Ohio. Er bastelte ein Gerät, das nicht nur saugte, sondern auch mit rotierenden Bürsten und klopfenden Noppen versehen war. Eine kleine Lederwarenfabrik namens

Hoover kaufte das Patent und wurde mit ihren Staubsaugern weltbekannt. Noch heute »hoovert« man im Angelsächsischen, wenn man staubsaugt.

Die Hygiene spielte schon in der frühen Staubsaugerwerbung eine große Rolle. Für Keimfreiheit sollte zum Beispiel der Bakterienfilter im Gebläse sorgen. In den Sechzigern wurden gar Geräte verkauft, deren Staubbeutel zur Keimabtötung mit dem hochgiftigen Insektizid DDT imprägniert waren.

Das umständliche Wechseln des Staubbeutels löste der Brite James Dyson 1983 mit dem ersten beutellosen Staubsaugermodell G-Force ab. Das Leeren ist sehr einfach: Ein waschbarer Filter hält den Feinstaub zurück.

Zu Beginn des 21. Jahrhunderts begann der Staubsaugerroboter seinen Siegeszug. Dank Sensoren fährt er automatisch emsig bürstend und saugend die Zimmerböden ab. Bei nachlassender Akku-Leistung rollt er zur Ladestation und »tankt« sich dort wieder auf. Die meisten der 12 309 von Dyson in elf Ländern Befragten greifen allerdings lieber zum Staubsauger, um auch Matratzen und Sofas zu reinigen.

Aller Technik zum Trotz bleibt aber für die Mehrzahl der Putzenden ein feuchtes Tuch das Reinigungsmittel Nummer eins. »Die Verwendung eines feuchten Tuchs zur Reinigung von Oberflächen ist in Ordnung, aber die Reihenfolge der Reinigungswerkzeuge ist wichtig«, meint Dyson-Forscherin Stuczen. »Wenn man den Staub auf den Böden anfeuchtet – selbst den mit bloßem Auge nicht sichtbaren Feinstaub – kann das bedeuten, dass man einen Lebensraum schafft, der die Vermehrung von Hausstaubmilben und Schimmel begünstigt.« Staub lasse sich am effektivsten mit einem Staubsauger entfernen, bevor man dann die Oberflächen im Anschluss wischt.

»Der Staub auf dem Boden, den man sieht, ist nicht so schlimm«, sagt der Toxikologe Professor Jeroen Buters. Dabei handele es sich um größere Partikel, die nicht eingeatmet werden. Viel gefährlicher sei luftgetragener Staub. Neben Allergenen kann man auf diesem Weg auch winzige Feinstaubteilchen einatmen. »Teppichböden sollten mehrmals pro Woche mit einem Staubsauger mit Feinstaubfilter gesaugt, glatte Böden ein- bis zweimal pro Woche feucht gewischt werden«, empfiehlt der Forscher vom Zentrum Allergie & Umwelt (ZAUM) am Helmholtz Zentrum München.

Pflanzen helfen gegen dicke Luft

Sie binden den Staub und erhöhen die Luftfeuchtigkeit: Eine Pflanze gibt rund 97 Prozent des aufgenommenen Wassers durch Verdunstung wieder an die Umgebungsluft ab. Eine Studie der Technischen Universität Sydney zeigt, dass viele Pflanzen sogar die Raumluft von Schadstoffen reinigen können. In Experimenten konnte die Belastung ab einer Konzentration von 100 ppb (parts per billion, Teil einer Milliarde) um bis zu 70 Prozent verringert werden. Die Schadstoffreinigung geschieht nicht nur über die Blätter, sondern vor allem über die Wurzeln und Mikroorganismen im Boden.

Laut einer Studie der NASA kann die gewöhnliche Haushaltspflanze namens Friedenslilie, auch Einblatt genannt, am besten Staub und Giftstoffe aus der Luft entfernen: Spathiphyllum entpuppte sich bei Tests als optimaler Verbesserer der Luftqualität.

Die Friedenslilie ist pflegeleicht, braucht nicht viel Sonnenlicht, sie beugt auch in Badezimmern oder Feuchträumen Schimmelbildung vor. Auf dem zweiten Rang landete die Areca-Palme. Die

»Schmetterlingspalme« weist ebenfalls eine hohe Wirksamkeit beim Filtern und Reinigen der Luft auf.

Wie viele Pflanzen ein Mensch für sein Wohlbefinden benötigt, hat das niederländische Forschungsinstitut TNO untersucht. Die Empfehlung der Experten: mindestens eine mittelgroße Pflanze pro zwölf Quadratmeter.

Eine platzsparende Lösung bietet ein Begrünungssystem mit dem Namen Verticalis, das an der Zürcher Hochschule für Angewandte Wissenschaften entwickelt wurde. Damit können Wände in artenreiche, blühende Biotope verwandelt werden.

Es arbeitet völlig ohne Strom und verfügt über einen integrierten Wasserspeicher, der von Hand aufgefüllt wird. Das System nutzt das physikalische Gesetz der Kapillarität: Je enger eine Röhre ist, umso höher steigt das Wasser.

Zimmerpflanzen sollten allerdings regelmäßig abgestaubt werden, so Experten. Nicht alle aber mögen das. Einigen kann das Abwischen der Blätter sogar schaden. Denn manche Pflanzen haben eine spezielle Schicht auf ihren Blättern, die sie gegen direktes Sonnenlicht schützt – dazu gehören etwa Sukkulenten.

Egal, ob Pflanzen, Accessoires oder Möbel: Eine vollgestellte Wohnung war früher ein Prestigeobjekt, heute sind es möglichst große, möglichst leere Räume. Für Menschen, die keine »Staubfänger« mehr in ihrer Wohnwelt dulden, gibt es eine Dingpflegschaft. Das Berliner Museum der Dinge bietet sie ab 40 Euro pro Jahr an. Als Gegenleistung darf der Pfleger sein Ding jederzeit im Museum besuchen und abstauben, er erhält einen Pflegepass und wird auch als Spender namentlich geehrt.

Aktuell suchen eine Teemaschine, eine Wagenfeld-Sauciere mit Untersetzer »Soser«, ein Spielzeugtelefon und ein Silikonbusen noch eine Pflegerin oder einen Pfleger.

STAUBRÄTSEL (GELÜFTET)

Kann Staub denn nie verschwinden?

Wer versucht, Staub mit Kehrblech und Besen loszuwerden, wird im Staub seinen Meister finden. Staub ist unbesiegbar. Es bleibt immer etwas übrig – ein kleiner Staubrand, der nur dünner wird, aber nie verschwindet. »Staub ist keinem untertan«, sagt Hartmut Bitomsky. »Wir können nicht alles instrumentalisieren«, so der Regisseur des Dokumentarfilms *Staub*.

Was sich unseren Putzaktivitäten verweigert, ist das Ergebnis von »Entropie«. Den Begriff hat der deutsche Physiker Rudolf Clausius 1865 in die Physik eingeführt. Er hat mit Thermodynamik zu tun. Deren Wurzeln liegen in den Bemühungen, die Dampfmaschinen zu verstehen, die die industrielle Revolution im Europa des 18. und 19. Jahrhunderts antrieben. Der französische Ingenieur Sadi Carnot erkannte, dass Wärme immer dazu neigt, sich in kühlere Regionen zu verlagern. Alles, was dieser Tendenz zuwiderläuft, erfordert zusätzliche Energie.

Diese Bewegung von heißer zu kühler ist Ausdruck eines grundlegenderen Antriebs im Universum: Die Unordnung, gemessen an der Entropie, nimmt immer zu. Die Einzelheiten spielen keine Rolle – Wärme fließt immer, geworfene Münzen geraten immer durcheinander, brennende Holzscheite werden immer zu Asche. Pullover beginnen zu flusen, Autos zu rosten. Dass sich Flusen wieder zu einem Pullover und Rost wieder zu einem Fahrzeug zusammenfügen, hat man noch nie beobachtet. Nichts repariert sich von selbst, aber alles geht von allein kaputt – und hinterlässt dabei Staub.

EXTRA: DAS FEINSTAUB-ABC

Dass Fomel-1-Pilot Sebastian Vettel 2022 beim Grand Prix von Österreich nur auf dem 12. Platz landete, war ihm ins Gesicht geschrieben. Als er aus dem Cockpit seines Aston Martin stieg und den Helm abnahm, glich er einem Kaminkehrer. Sein Gesicht war schwarz verstaubt – vom Bremsstaub der Rennwagen, denen er hinterherjagte, und vom Carbon seiner eigenen Bremsen.

Schwarze Partikel klebten auf den Wangen jeden Fahrers, noch nie allerdings so viele. Stärker als je zuvor wurde Bremsstaub in Richtung Cockpit geblasen. Neue Regularien der FIA (Fédération Internationale de l'Automobile) verlangten, dass in der Saison 2022 der Durchmesser der Vorderachsen-Carbon-Bremsen vergrößert werden musste: von den bisherigen 278 auf 330 Millimeter. In der Folge löste sich von den größeren Scheiben mehr Carbon. Zudem wurde der Bremsstaub nicht mehr nach außen geleitet. Gemäß neuen Regularien musste die Entlüftung an der Innenseite des Rades liegen, womit der Staub direkt ins Cockpit geriet.

»Das Einatmen von Carbonstaub ist nicht gerade gesund«, klagte Vettel beim TV-Sender Sky. »Ich hoffe, dass sich die FIA sehr bald damit befasst, denn es ist sinnlos und leicht zu ändern.« Weit gefehlt. Denn schon vor fast 20 Jahren hatte der ehemalige

Grand-Prix-Pilot Mika Salo erstmals auf den Missstand hingewiesen. Ärzte hatten nach seinem Rücktritt von der Formel 1 im Jahr 2002 bei einer Operation einen hohen Gehalt an Kohlenstaub in seiner Lunge festgestellt.

Was wie ein Exklusivproblem von Rennfahrern erscheinen mag, ist eine Gefahr, der Millionen Menschen tagtäglich ausgesetzt sind. Denn während die Auspuffgase zurückgehen, nehmen die Emissionen aus Reifenabrieb und Bremsstaub zu. Sie machen zusammen mit dem Abrieb von Straßenbelag fast 60 Prozent der gesamten Feinstaubemissionen aus! Was in Deutschland innerhalb eines Jahres in der Luft schwebt, würde 3700 Güterwaggons (Fassungsvermögen jeweils 55 Tonnen) füllen. Viele dieser Partikel sind Feinstaub: schwebende Partikel mit einem Durchmesser von weniger als zehn Mikrometer. »Particulate Matter« (PM10) heißt diese Partikelgröße im Fachjargon, wobei die Ziffer für die maximale Größe der Teilchen in Mikrometer steht, bei PM10 also zehn Tausendstelmillimeter. Zum Vergleich: Menschliches Haar hat einen Durchmesser von 70 bis 100 Mikrometern.

Die EU-Kommission hat neue Grenzwerte vorgeschlagen: Statt wie bisher 25 Mikrogramm dürfe die Luft bis zum Jahr 2030 nur noch zehn Mikrogramm Feinstaub PM2,5 pro Kubikmeter enthalten. Feinstaub bleibt bis zu 14 Tagen in der Luft und kommt aus unterschiedlichen Quellen wie das Feinstaub-ABC zeigt.

A wie Aerosol

Der Begriff »Aerosol« wurde 1955 vom russischen Physiker Nikolai Albertowitsch Fuchs geprägt und bezeichnet eine Mischung von schwebenden Partikeln und Luft oder Gasen. Dieser sekundäre Feinstaub wird unter anderem ab 40 Grad Celsius Bodentemperatur in Form von Asphaltpartikeln frei, so eine Studie der Universität Yale. Bei 60 Grad Celsius Bodentemperatur verdoppelt sich die Menge, schreiben die Forscher im Fachmagazin *Science Advances*. Das sind Temperaturen, die auch in Deutschland häufig erreicht werden. Denn im Mittel ist die Bodentemperatur doppelt so hoch wie die Lufttemperatur.

B wie Bremsstaub

Die gute Nachricht: Die Emissionen durch Bremsstaub rücken in den Blick der EU-Kommission. Laut dem Entwurf für die neue Norm Euro 7 dürfen Fahrzeuge in Zukunft maximal noch sieben Milligramm Bremsstaub pro Kilometer abgeben. Nach Ansicht der Organisation Transport & Environment (T&E) macht ein solcher Grenzwert noch keine speziellen Filter oder andere Auffangeinrichtungen für den Bremsstaub notwendig. Doch die Industrie denkt offenbar weiter. So brachte Bosch die »iDisc« auf den Markt. Sie hat eine Hartmetallbeschichtung aus Wolframcarbid und soll, so der Hersteller, bis zu 90 Prozent weniger Abrieb verursachen. Wolframcarbid ist zwar etwa zehnmal härter als Grauguss, aber auch dreimal so teuer. Daher wird diese »Surface Coated Brake« (PSCB) nur für Porsche-Cayenne-Modelle angeboten.

Einen anderen Ansatz verfolgen die Filtrationshersteller von Mann+Hummel. Sie haben ein passives Filtersystem entwickelt, bei dem sich die Feinstäube in einem Gehäuse an der Oberseite der Scheibenbremse sammeln. Das französische Unternehmen Tallano wiederum setzt auf Bremsbeläge mit Absaugkanal. Und das Deutsche Zentrum für Luft- und Raumfahrt schließlich schlägt eine Ölbad-Lagerung der Bremsscheiben vor, die den Abrieb zu 100 Prozent herausfiltern soll.

Die schlechte Nachricht: Normale Bremsscheiben und -beläge bestehen aus bis zu 200 Stoffen, darunter Eisen, Kupfer und Barium. Wenn Bremsscheiben und -beläge aufeinandertreffen, entstehen durch das mechanische Zerreiben feine Metallpartikel von bis zu 2,5 Mikrometern und gröbere mit bis zu zehn Mikrometern Durchmesser. Eine Simulation der Ford-Werke und der Bergischen Universität Wuppertal zeigt, dass auf einer typischen Taxiroute durch Los Angeles pro Bremse und Kilometer etwa fünf Milligramm Feinstaub entstehen. Auf Deutschland umgerechnet sind demnach bei rund 578 Milliarden gefahrenen PKW-Kilometern allein im Jahr 2020 gut 11 200 Tonnen Bremspartikel in der Umwelt gelandet.

Eine noch schlechtere Nachricht: Auch U-Bahnen verursachen Bremsstaub. Er schwebt in der Luft, wenn sich die Züge einem Bahnsteig nähern. Die Metallpartikel, die dabei entstehen, könnten klein genug sein, um in den menschlichen Blutkreislauf zu gelangen. Zu diesem Ergebnis kommt eine Ende 2022 durchgeführte Untersuchung der Universität Cambridge im Netz der Londoner U-Bahnen, die jedes Jahr 1,35 Milliarden Fahrgäste befördern.

D wie Drucker

Laserdrucker emittieren zwar nur vernachlässigbare Mengen von Tonerpartikeln, aber Ultrafeinpartikel, die sich aus flüchtigen organischen Substanzen zusammensetzen. Wissenschaftler des Fraunhofer-Instituts vermuten, es könnte sich dabei um verdampfte Paraffine und Silikonöle aus der Fixier-Einheit der Drucker handeln.

E wie Elektroautos

Elektroautos bringen um bis zu 24 Prozent mehr Gewicht auf die Straße als vergleichbare Verbrenner – und beanspruchen Reifen und Straßenbelag umso mehr. Einer Faustregel der amerikanischen Verkehrsministerien zufolge steigt der Straßenverschleiß mit höherem Achsgewicht nicht linear, sondern exponentiell. Im Sommer kommt eine weitere Schmutzquelle hinzu: heißer Asphalt, der als →Aerosol ausgast.

F wie Feinstaubfilter

Mann+Hummel, weltweit führendes Unternehmen in der Filtrationstechnologie, hat Luftfiltersäulen entwickelt, die Feinstaub aufsaugen. Solche Säulen standen testweise in Stuttgart. Weltweit reinigen über 400 solcher Filter pro Stunde knapp zwei Milliarden Liter Luft. Dies entspricht dem Frischluftbedarf von 4,1 Millionen Menschen.

Ähnlich wie die stationären Anlagen funktioniert auch ein Feinstaubfilter für →Elektroautos, den das Unternehmen in einem Pilotprojekt mit Audi entwickelt hat. Der »Urban Purifier« filtert Staub passiv durch die Bewegung des Fahrzeugs. Dabei strömt Luft durch das Filtersystem. Ähnlich wie bei einem Staubsauger bleiben Partikel im Filter hängen, und die Luft kann trotzdem hindurchfließen. Bislang ist der Filter in Versuchsfahrzeugen vom Typ Audi e-tron im Einsatz.

Einen ähnlichen Ansatz verfolgt die Österreichische Post in Graz. Sie hatte testweise zwei Mercedes-Benz-eSprinter im Einsatz, die nicht nur Post brachten, sondern auch noch Feinstaubemissionen aus der Luft filterten. Die optimierten Feinstaubfilter saugten an rund 60 Einsatztagen 6400 Milligramm Staub aus der Luft.

In 22 Städten in Europa misst das Projekt »DEUS Smart Air« die Feinstaubbelastung. Dazu werden Busse mit spezieller Sensorik ausgestattet, die kleinste Feinstaubpartikel in Echtzeit misst. Alle zwölf Sekunden messen die Geräte, die auf den Dächern der Fahrzeuge angebracht sind – das ist im normalen Straßenverkehr etwa alle 100 Meter. Die Daten werden an Forschungseinrichtungen wie das Fraunhofer-Institut für Verkehrs- und Infrastruktursysteme geschickt, die die Datenmengen auswerten. Über sogenannte Geoportale mit Kartenansichten sollen die Erhebungen Bürgern auf den Websites der Kommunen zur Verfügung stehen.

F wie Feinstaubkleber

In der kalten Jahreszeit nimmt die Belastung durch Feinstaub eine andere Form an. Kalte Luft wird von warmer überlagert. Die mit Staubpartikeln gespickte Luft ist wie unter einem Deckel eingeschlossen.

Solche Inversionswetterlagen machen sich hierzulande nirgendwo stärker bemerkbar als in Baden-Württembergs Landeshauptstadt, die wie in einem Kessel in der Landschaft liegt. »In Stuttgart isch wieder mol Feinstaubalaaarm – rette sich, wer kann!«, singt der schwäbische Rapper MC Bruddaal und weist damit auf ein chronisches Problem hin: Am Neckartor ist die Feinstaubbelastung bundesweit am größten. Nun will die Stadt mit einer Chemikalie ihr Feinstaub-Problem lösen.

Vor Beginn des Berufsverkehrs wird ein »Feinstaubkleber« auf die Straße gesprüht. Diese Calcium-Magnesiumacetat-Lösung (CMA) hält den von den Autos aufgewirbelten Feinstaub am Boden und kann später abgewaschen werden. Erste Versuche gab es bereits in Halle an der Saale und im österreichischen Klagenfurt. Die Menge der dort aufgewirbelten Partikel soll um bis zu 30 Prozent verringert worden sein. Doch Joachim von Zimmermann, Leiter des Amtes für Umweltschutz in Stuttgart, räumt ein: »Wie bei jeder Chemikalie sind Risiken selbstverständlich nicht ganz ausgeschlossen.«

G wie Grippe

Eine hohe Feinstaubbelastung führt zu mehr Grippefällen. Das ergibt eine großangelegte Studie des Deutschen Zentrums für Luft und Raumfahrt (DLR) und der AOK Baden-Württemberg. Eine Verdopplung der Konzentration kleiner Feinstaubteilchen führt demnach statistisch zu doppelt so vielen Grippefällen. Dazu kommt ein nochmals deutlich stärkerer Zusammenhang mit der Temperatur. »Das Risiko ist in Regionen am höchsten, in denen es besonders kalt und die Feinstaubkonzentration besonders hoch ist«, sagt der Chef der AOK im Land, Johannes Bauernfeind.

K wie Kamin

In einer Stunde kann ein gemütlicher Ofen laut Umweltbundesamt bis zu 500 Milligramm Staub produzieren. Das ist ungefähr mit einer Autofahrt von 100 Kilometern mit einem PKW der Abgasnorm Euro 6 gleichzusetzen.

Etwa 6,2 Millionen Kaminöfen, 1,2 Millionen Kachelöfen und 900 000 Pelletheizungen sind laut Bundesumweltministerium deutschlandweit in Betrieb. Sie stoßen pro Jahr mehr Feinstaub aus als alle 60 Millionen PKW und LKW des Landes zusammen. »Eine Umweltverschmutzung der Extraklasse, ein kleiner Waldbrand im Wohnzimmer«, sagt Partikelforscher Professor Achim Dittler vom Karlsruher Institut für Technologie (KIT). »Verglichen mit Holzöfen sind Autos und Lastwagen mittlerweile sehr sauber. Bei Verbrennungsmotoren werden Schadgas- und Partikelemissionen heute durch Abgasreinigungssysteme hochwirksam gemindert.«

Dass man solche Systeme nicht einfach in Schornsteine installiere, habe mit dem Luftzug zu tun, erklärt Dittler. In einem Auspuff herrscht Druck, in einem Schornstein hingegen nur ein natürlicher, recht schwacher Zug. Deswegen lassen sich dort oft nur sogenannte elektrostatische Abscheider installieren. Diese aber seien »weit weniger wirksam als geschlossene Partikelfilter, wie sie heute bei Fahrzeugen längst Stand der Technik sind«, sagt Dittler. »Der Einbau solcher Filtersysteme zur Partikelabscheidung aus Holzofen-Rauchgasen ist technisch extrem aufwendig.«

Der Anteil der Holzverbrennung an den gesamten Feinstaubemissionen in Deutschland liegt laut Bundesumweltministerium über das gesamte Jahr betrachtet bei zehn Prozent, im Winter bei bis zu 20 Prozent.

Am 31. Dezember 2024 endet die Übergangsfrist für alle Kaminöfen, die vor 2010 gebaut wurden. Ältere Modelle, die die aktuellen Grenzwerte nicht einhalten, müssen dann raus aus den Stuben.

K wie Kerzen

Kerzen sind die größte Quelle der in Räumen erzeugten Fein- und Ultrafeinstäube. 53 Billionen der winzigen Teilchen steigen pro Stunde von einer einzigen brennenden Kerze in die Luft. Diese Ultrafeinstäube sind weniger als 100 Nanometer groß. Wenn die Flamme in der Zugluft steht, dabei flackert und stark rußt, kann sie bis zur 30-fachen Menge an Partikeln in die Luft abgeben. Wird die Kerze ausgeblasen oder gelöscht, gelangen deutlich größere Teilchen in die Luft, die oft als Kerzenrauch mit bloßem Auge zu sehen sind.

K wie Knochen

Wer regelmäßig Luftverunreinigungen ausgesetzt ist, dessen Knochen schwinden doppelt so schnell wie durch den normalen Alterungsprozess. Speziell bei Frauen nach den Wechseljahren können Autoabgase in der Atemluft zu Knochenschwund führen. Dies ist das Ergebnis einer Studie der Columbia University Mailman School of Public Health.

L wie Leistungsminderung

Feinstaub verschlechtert die Leistung. Diesen Zusammenhang enthüllten Forscher am Bonner Institut zur Zukunft der Arbeit (IZA) bei Untersuchungen von Fußballspielen. Nach Messungen an mehr als 1700 Spielern bei rund 3000 Bundesliga-Begegnungen in zwölf Jahren kamen sie zu dem Ergebnis: Fußballspieler schlagen umso weniger Pässe, je höher die Feinstaubbelastung am Spielort ist.

M wie Moose

Vor allem Laubmoose mit ihren vielen winzigen Blättchen und Poren wirken wie Staubtücher aus Mikrofasern, heißt es in einer Untersuchung der Berliner Humboldt-Universität. Hier finden Schmutzpartikel festen Halt. »Und da sich Moose – mangels Wurzeln – über ihre Blattoberfläche mit Wasser und Nährstoffen versorgen, nehmen sie auf diese Weise auch einen großen Teil des Feinstaubs auf«, erklärt Uta Neubauer in der *Neuen Züricher Zeitung*. »Moose sind also effektive Staubreduzierer, sie funktionieren allerdings nur bei ständiger Befeuchtung.«

P wie Platin

»Viele der Partikel in Autoabgasen bestehen aus Platin und Gold, weshalb sich der Abbau von Straßenstaub fast schon lohnen würde«, sagt die Geologin Hazel Prichard. Sie fand in den nobleren Teilen von Cardiff, »wo die teuren, mit platinhaltigen Katalysatoren ausgestatten Autos fahren, besonders hohe Konzentrationen der Edelmetalle«.

R wie Reifenabrieb

Aktuelle Schätzungen gehen davon aus, dass Reifenstaub jedes Jahr sechs Millionen Tonnen Mikroschadstoffe verursacht, davon allein in der EU jährlich rund 500 000 Tonnen. Thilo Hofmann von der Uni Wien geht davon aus, dass die Hälfte des Mikroplastiks in der Welt vom Abrieb von Autoreifen stammt.

Innerhalb von drei bis vier Jahren verliert ein Reifen 1,5 Kilogramm an Gewicht, schätzt Ralf Bertling vom Fraunhofer-Institut für Umwelt-, Sicherheits- und Energietechnik UMSICHT in Oberhausen. Bei allen vier Reifen liegt der Abrieb eines Fahrzeuges im Schnitt bei rund 120 Gramm pro 1000 Kilometer. Reduzieren ließe sich das nur durch abriebfestere Pneus – oder die Idee von The Tyre Collective: Das Londoner Start-up hat eine Vorrichtung entwickelt, die direkt hinter jedem Rad angebracht wird und einen Großteil der Partikel einsammelt. 2023 soll der »Reifenpartikel-Fänger« in Serie gehen.

Mischungen aus synthetischem Autoreifengummi, Füllstoffen, Weichmachern und Straßenbelagspartikeln sind allgegenwärtig. Sie werden überall gefunden, von der Tiefsee bis zur Atmosphäre und sogar in der Arktis und Antarktis. Die Partikel werden durch Wind von den Straßenoberflächen verweht. Regen wäscht sie in die Regenwasserkanäle. Von dort gelangen sie in Flüsse und das Meer.

Einer Studie der International Union for the Conservation of Nature zufolge sind Reifen mit 28 Prozent die zweitgrößte Quelle für Mikroplastik im Meer – nach synthetischen Textilfasern (35 Prozent).

Ein besonders drastisches Beispiel für die Folgen ist das jahrzehntelange Sterben von Coho-Lachsen: Vom Pazifik kehren sie in die Bäche und Flüsse der Meeresbucht Puget Sound im US-Bundesstaat Washington zurück, um dort zu laichen. Immer wieder aber kam es zu Massensterben. Toxikologen fanden keine Hinweise auf Pestizide oder Chemikalien wie Metalle oder Kohlenwasserstoffe. Auch Krankheiten und Sauerstoffmangel konnten sie ausschließen.

Erst als Wissenschaftlern auffiel, dass besonders viele Lachse immer nach starken Regenfällen der Tod ereilt, kamen sie dem Rätsel auf die Spur. »Der schwierigere Schritt bestand darin herauszufinden, was in diesem Regenwasser enthalten sein könnte«, schreibt Jenifer McIntyre von der Washington State University in ihrer Studie. Mit einer Parmesanreibe raspelte die Wassertoxikologin winzige Reifenfragmente ab und weichte sie in Wasser ein. Testlachse, die sie dieser Brühe aussetzte, waren auf der Stelle tot. Der Übeltäter: die giftige Chemikalie 6PPD-Chinon. Sie wird Reifen als Konservierungsmittel zugesetzt.

Reifenabrieb wird durch Regen auch in Kläranlagen geschwemmt. Laut einer Studie werden in Deutschland allein über ausgebrachten Klärschlamm jährlich zwischen 1400 und 2800 Tonnen Reifenabrieb auf landwirtschaftliche Flächen aufgebracht.

S wie Schadenersatz

Wer durch verschmutzte Luft krank geworden ist, kann keinen Schadenersatz vom Staat verlangen. Das entschied der Europäische Gerichtshof (EuGH) in Luxemburg. Die europäischen Richtlinien zur Luftqualität verleihen dem Einzelnen keine Rechte, die zu Schadenersatz führen könnten. Die EU-Länder könnten aber unter Umständen nach nationalen Vorschriften haftbar sein. Das schloss der EuGH ausdrücklich nicht aus.

S wie Schiffe

Feinstaub, Ruß und umweltschädliches Schweröl als Kraftstoff: Frachter und Kreuzfahrtriesen verursachen etwa drei Prozent der weltweiten Treibhausgasemissionen.

Auf hoher See verbrennen die meisten Schiffe bis heute hochgiftiges Schweröl. Beim Verbrennen ist es in Bezug auf Schwefeldioxid 3500-mal dreckiger als der Dieselkraftstoff für Autos. Neben jeder Menge Kohlendioxid blasen diese Schiffe riesige Mengen davon in die Luft, und Schwefeldioxid erzeugt sauren Regen. Schiffe stoßen auch Stickoxide aus, die den Boden übersäuern und Seen und Küstengebiete überdüngen, womit sie das Gleichgewicht in diesen Ökosystemen zerstören. Und nicht zuletzt pumpen diese Schiffe auch noch große Mengen Feinstaub und Ruß in die Atmosphäre.

Bei mehreren Fähren und Kreuzfahrtschiffen wird inzwischen Diesel statt Schweröl verfeuert. Ein Dieselpartikelfilter (DPFs) kann die Ruß- und Feinstaubemissionen um bis zu 99,9 Prozent senken.

S wie Schützen

Vor Feinstaub draußen kann man sich schützen, indem man sich antizyklisch zur Hauptverkehrszeit nach draußen begibt. Das heißt, idealerweise verlässt man das Haus bei wenig Verkehr und kommt auch zurück, wenn sich der Verkehr beruhigt hat. In

Hochverkehrs- und Hochbelastungsphasen kann es sinnvoll sein, eine Atemschutzmaske zu tragen.

Im Innenraum schützt man sich am besten, wenn man Feinstaub, der von außen eindringen kann fernhält, zum Beispiel durch antizyklisches Lüften. Das heißt, man lüftet nicht zur Rushhour, sondern dann, wenn draußen weniger Verkehr herrscht. Das kann zum Beispiel sehr früh am Morgen und spät am Abend sein.

Wenn man kocht, empfiehlt es sich, die Dunstabzugshaube anzuschalten und die Küchentür zu schließen, damit sich die Feinstaubpartikel nicht in der übrigen Wohnung verteilen. Beim Heizen mit Holz sollte beim Nachlegen der Holzscheite darauf geachtet werden, die Klappe zum Kaminofen nicht zu lange offen zu lassen.

S wie Smog

Auch Smog ist eine Form der Luftverschmutzung. Das Wetter spielt dabei eine wichtige Rolle: Wenn es kalt ist, steigt die Luft nicht so schnell nach oben, und der Nebel aus Staubteilchen, Abgasen und Rauch bleibt in Bodennähe hängen.

Der Smog am 5. Dezember 1952 in London ging in die Geschichte ein. An diesem Tag waren die Temperaturen ungewöhnlich niedrig, so dass viele Londoner mehr Kohle verheizten als üblich. Damals wurden nach Angaben des britischen Wetterdiensts Metoffice jeden Tag 1000 Tonnen Rauchpartikel, 2000 Tonnen Kohlendioxid und 800 Tonnen Schwefelsäure freigesetzt.

Dieser als »pea soup« (Erbsensuppe) bezeichnete gelbliche und übelriechende Dunst hing aufgrund eines Hochdruckgebiets fünf Tage lang im Londoner Talkessel fest. Schätzungsweise 12 000 Menschen starben in diesen Tagen, etwa 100 000 wurden krank. Besonders kleine Kinder und Ältere sowie Menschen mit

Herz-Kreislauf- oder Atemwegserkrankungen waren stark betroffen.

Auf dem Fleischmarkt in Smithfield erstickten Berichten zufolge die Rinder. Im dicht besiedelten Osten der Stadt hatten die Leute Schwierigkeiten, ihre eigenen Füße zu erkennen. Selbst in Innenräumen war die Sicht so vernebelt, dass Theateraufführungen abgesagt werden mussten, weil das Publikum nicht mehr auf die Bühne schauen konnte. Doch es dauerte noch bis 1956, bis mit dem Clean Air Act ein Gesetz verabschiedet wurde, das den Weg zu einer besseren Luft in London und anderen britischen Großstädten ebnete.

S wie Staubabscheider

Bei Arbeiten mit hoher Feinstaubentwicklung kommen Entstaubungsvorrichtungen, sogenannte »Staubabscheider«, zum Einsatz. Als ein Vorreiter der industriellen Entstaubung gilt der Lübecker Wilhelm Beth, der 1886 den »Saugschlauchfilter mit Abreinigung durch Rückspülung« patentieren ließ. Heute gibt es Staubabscheider, die in passive und aktive Systeme unterschieden werden. Unter aktiven Feinstaubfiltern versteht man elektrostatische Abscheidungssysteme. Diese sind teuer und benötigen einen Stromanschluss. Mit passiven Staubabscheidern sind Katalysatoren gemeint, obwohl sie die Teilchen nicht abscheiden, sondern in Abgase umwandeln. Katalysatoren bestehen aus Metall oder Keramik. Sie werden zum Beispiel am Übergang des Kaminofens in das Rauchrohr oder direkt vor dem Abgasstutzen eingebaut, so dass der Rauch durch den Filter strömt.

S wie Silvesterkracher

In der Silvesternacht werden knapp 1000 Tonnen Feinstaub von Feuerwerkskörpern freigesetzt. Für den pyrotechnischen Effekt benötigt man zwei Arten von Staub: Schwarzpulver und Salze. Schwarzpulver lässt die Rakete in den Himmel steigen. Farbgebende Salze werden durch chemische Reaktionen zum Leuchten gebracht. Oxidationsmittel wie Nitrate oder Perchlorate erzeugen die dafür notwendigen hohen Temperaturen.

T wie Todesfälle

Feinstaub ist einer der Hauptgründe für frühzeitige Todesfälle. Nach Schätzungen des Bundesumweltministeriums bringt er hierzulande jährlich 45 000 Menschen frühzeitig ins Grab. In Europa erlagen im Jahr 2020 nach Angaben der EU-Umweltagentur EEA rund 240 000 Menschen vorzeitig an den Folgen von Luftverschmutzung durch Feinstaub. Weltweit sind es etwa sechseinhalb Millionen Menschen.

Zwar lässt es sich schwer belegen, welcher Tote nun genau an der schlechten Luft gestorben ist, erwiesen ist aber, dass Schwebeteilchen, die kleiner als 2,5 Mikrometer sind, Asthmaanfälle, Bronchitis, Lungenkrebs, Schlaganfall, Herzinfarkt und Diabetes wahrscheinlicher machen. Auch psychische und neurologische Erkrankungen lassen sich auf Feinstaubbelastung zurückführen, berichten britische Forscher.

U wie ultrafeine Partikel

Ultrafeinstaub hat einen Durchmesser von weniger als 100 Nanometer (0,1 Mikrometer), das ist 700-mal dünner als ein menschliches Haar. Diese ultrafeinen Partikel (UFP) sind damit 25- bis 100-mal kleiner als Feinstaub und verhalten sich hinsichtlich ihrer Größe zu diesem wie ein Stecknadelkopf zu einem Tennis- beziehungsweise Fußball. Weil bei den Winzlingen die Oberfläche im Vergleich zum Volumen besonders groß ist, lagern sich oft auch andere Stoffe an, beispielsweise Polycyclische aromatische Kohlenwasserstoffe (PAK). Die Minipartikel sind daher besonders gut geeignet, Giftstoffe in den Körper zu schleusen. Experten nennen dies den »Trojanisches-Pferd-Effekt«.

Partikel können bis in die Lungenbläschen dringen, wo der Sauerstoff ins Blut übergeht. Bei manchen Menschen verleiten sie bestimmte Signalgeber des Immunsystems zu einer Überreaktion, was zu Asthma führt. Bei anderen Menschen werden sie auch von den Fresszellen erkannt und dann wie Bakterien behandelt. Diese Aktivierungsschiene für Herz-Kreislauf-Erkrankungen zeigte sich bei den Olympischen Spiele 2008 in Peking. Damals kamen deutlich weniger Menschen als sonst mit Herzproblemen in die Krankenhäuser. Die chinesische Regierung hatte vor den Spielen wochenlang die Industrieproduktion gedrosselt und so für weniger Staub gesorgt.

Ultrafeinstaub ist sogar in der Lage, ins Gehirn zu dringen. Dieser Verdacht tauchte zum ersten Mal bei Studien in Mexiko auf. Bei jungen Unfallopfern aus Mexiko City waren Veränderungen im Gehirn aufgetreten, wie man sie sonst nur von alten Menschen mit Alzheimer kennt. Bei gleichaltrigen Unfallopfern aus der ländlichen Region fand man diese Veränderungen nicht.

Ende 2022 erhärtete sich die Vermutung, dass langfristiger Kontakt mit Feinstaub das Gehirn schädigen kann. Park Jin-ho untersuchte mit Magnetresonanztomographie (MRT) das Gehirn von 3257 Teilnehmern eines Gesundheits-Screenigs. »Die MRT-Analyse beweist, dass Feinstaub das Risiko einer Erkrankung der kleinen Hirngefäße erhöht«, so der Professor am Nationalen Universitätskrankenhaus in Seoul.

Ultrafeinstaub ist bisher am wenigsten gut untersucht. Das German Ultrafine Aerosol Network (GUAN) registriert die Belastung durch diese Partikel an 17 Stationen in Deutschland. Doch wie jeder andere Feinstaub auch wird er nach Gewicht bemessen. Straßenstaub, →Reifenabrieb und →Bremsstaub lassen sich damit einigermaßen gut erfassen. Doch schon Dieselpartikel rutschen da auch mal durch, weil sie nicht genug wiegen. Erst recht gilt dies für Ultrafeinstaub.

10.
STAUB – KLIMAKILLER ODER KLIMARETTER?

Mit klaffendem Mund, die eingetrockneten Pupillen himmelwärts gerichtet – so lag der Leichnam im Anatomischen Institut der Universität Innsbruck, als ich ihn als *stern*-Reporter zu Gesicht bekam. Der 1,58 Meter große Mann trug die ganz gewöhnliche Obduktionsnummer 619/91 (619. Obduktion des Jahres 1991). Doch behandelt wurde er wie ein Heiligtum. Die Gletschermumie ist der bislang bedeutendste eiszeitliche Fund. 5300 Jahre lang war sie erhalten geblieben. Dem Mann aus dem Eis gab ein österreichischer Berufskollege den Namen Ötzi, nach dem Fundort Ötztal. Dort stolperte Ende September 1991 ein deutsches Bergsteigerpaar über den Oberkörper eines Menschen, der aus dem Eis ragte.

Der Sensationsfund ist Staub zu verdanken. Er landete auf den feinen Kristallen und verwandelte sauberen Neuschnee in schmutzigen Schnee, der mehr Sonnenenergie absorbiert. Denn von der Farbe eines Gegenstands hängt es ab, welche Anteile des Sonnenlichts absorbiert und welche reflektiert werden. Das Rückstrahlvermögen, auch als »Albedo« bezeichnet, ist eine wichtige Eigenschaft von Gletschern. Bei Neuschnee werden 90 Prozent der Anteile des

Lichts von einer Oberfläche reflektiert. Zusammengedrückter Schnee kommt auf rund 60 Prozent. Ist er mit Wüstenstaub verschmutzt, sind es noch 50 Prozent, bei Ruß nur noch 40 Prozent. Er ist einer Studie im *Journal of Geophysical Research* zufolge die zweitwichtigste Klimaemission nach CO_2. Denn weil er extrem wenig Sonnenenergie reflektiert, trägt er erheblich zur Klimaerwärmung bei.

Verstärkt wird dieser Effekt, wenn im Sommer das Gletschereis schmilzt und Algensporen an die Oberfläche kommen. Sobald sich die Sporen in aktive photosynthetisierende Organismen verwandeln, beginnen sie, verschiedene Pigmente zu produzieren, um das Chlorophyll vor zu viel Sonne zu schützen. »Wenn man in die Sonne geht und zu viel davon abbekommt, trägt man eine Sonnencreme auf«, erklärt Liane Benning. »Das Chlorophyll ist ihre Sonnencreme«, so die Biogeochemikerin von der Universität Leeds. Wenn Algen das Eis dunkel färben, absorbiert es noch mehr Sonne und schmilzt noch schneller. Dies verringert die Albedo um weitere 20 Prozent und setzt einen sich selbst verstärkenden Kreislauf in Gang.

Heizt Staub also unseren Planeten auf? Nein, sagen jetzt Wissenschaftler, die davor warnen, dass aktuelle Klimamodelle den Einfluss von atmosphärischem Staub nicht hinreichend berücksichtigt haben. Richtig sei zwar, dass Ruß, dessen Partikel schwarz sind und das Sonnenlicht absorbieren, die Luft um sie herum erwärmt. Doch Ruß stellt eine Ausnahme dar. Ob Sahara, Gobi oder Namib an der Südwestküste Afrikas: Der Staub der Wüsten gleicht durch seinen Schleier in der Atmosphäre rund acht Prozent der anthropogenen Erwärmung durch Treibhausgase aus, zeigt eine Anfang 2023 in *Nature Reviews Earth & Environment* veröffentlichte Studie. Zudem hat die Menge an Wüstenstaub in der Atmosphäre seit präindustrieller Zeit um rund 55 Prozent zugenommen – auch dies trägt zur kühlenden Pufferwirkung bei. Ohne die Schwebeteilchen wäre es auf der Welt rund ein halbes Grad Celsius wärmer. Der Wüstenstaub, der einen Großteil aller in der Erdatmosphäre präsenten Aerosole ausmacht, hat dafür gesorgt, dass sich Europa zwischen 1950 und 1980 noch nicht erwärmt hat.

Wie kommt der Klimaeffekt des Wüstenstaubs zustande? »Die meisten Partikel, die durch die Luft fliegen, funktionieren wie Miniaturspiegel«, erklärt der Klimaforscher Bjørn Samset vom Centre for International Climate and Environmental Research in Oslo (CICERO). Sie umhüllen die Erde und reflektieren einen Teil der Sonnenstrahlen zurück ins All. Allein die Sahara und die Wüste Gobi in Asien sind zusammen für 50 Prozent des irdischen Aerosolbudgets verantwortlich, erklärt Jasper Kok, Atmosphärenphysiker an der University of California und Leiter der »ersten Überprüfung, die all die verschiedenen Aspekte von atmosphärischem Staub wirklich zusammenbringt«. Bisher wurde diese Staubfracht in den Klimamodellen nur zum Teil erfasst. Forscher Kok und seine Kollegen haben noch einmal genauer untersucht, wie sich die Mengen an Wüstenstaub im Laufe der Zeit verändert und welchen Klimaeffekt sie haben.

Die Auswertung von Moorproben und Eis- und Sedimentbohrkernen ergab: Seit der präindustriellen Zeit um etwa 1850 ist die Menge an Wüstenstaub in der Erdatmosphäre von 19 Millionen auf 29 Millionen Tonnen gestiegen. Den größten Anteil an dieser 55-prozentigen Zunahme hat Staub aus Asien, der sogar um 74 Prozent zugenommen hat. Dahinter folgt Staub aus der nordafrikanischen Sahara mit 46 Prozent. »Der historische Anstieg der Staubfracht fehlt in den aktuellen Klimamodellen sogar ganz«, schreibt Kok in einem *Review*-Artikel. So aber seien keine präzisen

Vorhersagen und Klimamodelle möglich. Es müsse nachgebessert werden. Denn die Entwicklung des Klimas hängt teilweise vom staubigen Kühleffekt ab.

Ursache für die erhöhten Staubemissionen ist den Forschern zufolge vor allem die vermehrte Landwirtschaft am Rand der großen Wüstengebiete. Aber auch eine zunehmende Austrocknung von Böden und Seen durch Klimaveränderungen spiele eine Rolle. Nehmen die Staubemissionen nicht mehr weiter zu oder sinken sogar, dann dürfte dies die Klimaerwärmung zusätzlich verstärken.

Dasselbe gilt im Prinzip auch für die Wirkung der Aerosole aus Schwefelverbindungen. Sie werden bei Vulkanausbrüchen, und Waldbränden sowie von Kohlekraftwerken, Schiffen, Benzinern und Dieselfahrzeugen ausgestoßen. In der Atmosphäre oxidieren die farblosen, giftigen Gase zu Sulfaten, den Salzen der Schwefelsäure. Abhängig von ihrer Farbe können solche Aerosole entweder das Sonnenlicht als heller Schleier reflektieren oder als schwarzes Staubtuch die Schneeflächen von Gletschern verdunkeln. Diese Schwebeteilchen wirken demnach teils erwärmend, aber vorwiegend kühlend auf das Klima.

Mit Hilfe von Techniken zur Abgasreinigung konnte der Gehalt der Schwefeldioxidemissionen in der Atmosphäre signifikant reduziert werden. Allein in Deutschland sind diese Werte seit dem Jahr 1990 um rund 96 Prozent gesunken. Dies aber bedeutet, dass sich nun die Sonnenstrahlung stärker auswirkt. »Aus diesem Grund können wir eine immer schnellere Erwärmung erleben«, sagt Forscher Kok. Um sie einzudämmen, wollen manche Länder, allen voran China, selbst für mehr Sulfataerosole sorgen, indem sie diese Partikel in die Stratosphäre injizieren. Dort sollen sie als Kondensationskeime für kühlende Wolken fungieren.

Doch so einfach ist das nicht. Denn Schmutz-Aerosole können sowohl die Wolkenbildung fördern als auch erschweren. Diesem widersprüchlichen Effekt kamen Wissenschaftler erst mit Satelliten-Hightech auf die Spur.

Kann Schmutz Niederschlag verhindern?

Am 28. April 2006 wurde CALIPSO im Orbit ausgesetzt, die Abkürzung für »Cloud-Aerosol Lidar and Infrared Pathfinder Satellite Observations« (Wolken-Aerosol-Lidar und Infrarot-Pathfinder-Satellitenbeobachtungen). CALIPSO späht die Erde mit Infrarot-Augen aus. Wasser absorbiert Teile des infraroten Sonnenspektrums. Da größere Tröpfchen mehr infrarote Sonnenstrahlung absorbieren, lässt sich aus der Strahlungsmenge die Größe der Wolkenpartikel berechnen. »So können wir den Niederschlag und die Mikrostruktur von Wolken gleichzeitig über großen Gebieten messen«, erklärt Daniel Rosenfeld von der Hebräischen Universität Jerusalem. Als er Partikel ins Visier nahm, die über Städten und Industriegebieten schweben, zeichneten sich »Verschmutzungsspuren« ab: lange, schmale Fahnen. Ähnlich Kondensstreifen bilden sie sich aus den Emissionsstäuben von Kraftwerken, Metallhütten und Raffinerien. Bei Vergleichsstudien mit sauberen Wolken entdeckte Rosenfeld ein bislang unbekanntes Phänomen: Schmutzwolken lassen praktisch keinen Niederschlag mehr zu. Das hat mit der Unmenge winziger Partikel zu tun, an denen kleine Wassertröpfchen kondensieren. Diese regnen schwer ab.

Normalerweise genügen ungefähr eine Million Partikel, um einen Tropfen zu bilden, der groß genug ist, um als Regen zu Boden zu fallen. In Wolken, die mit Schmutzpartikeln aus Emissionen gespickt sind, irrlichtern fast ausschließlich Winzlinge umher. Von ihnen sind mehrere Millionen für die Bildung eines Regentropfens nötig.

Die Wahrscheinlichkeit für Niederschlag aus solchen Wolken sinkt. Das erleben wir immer dann, wenn sich am Wochenende ein bedeckter Himmel zeigt, am Montag aber eitel Sonnenschein herrscht. Einer Wetterstudie aus den USA zufolge zeigen sich hier Effekte aus der Arbeitswoche. Von Montag bis Freitag werden jede Menge Schmutzpartikel erzeugt – durch Autofahren, Industrieproduktion, Heizung und vieles andere mehr. Am Freitag ist der staubige Höhepunkt erreicht. Neben vielen kleinen Schwefelpartikeln haben sich mittlerweile auch größere Stäube angesammelt. Es bilden sich genügend schwere Tropfen, so dass es am Wochenende oft ein bisschen mehr regnet als sonst. Nicht verwunderlich also, dass der Montag statistisch der regenärmste Tag der Woche ist.

Wie dramatisch Schmutzpartikel natürlichen Ursprungs nicht nur das Wetter, sondern auch das Klima ändern, kann man auf Gemälden mit Schlittschuhläufern auf holländischen Grachten sehen. Sie zeigen Szenen während der »Kleinen Eiszeit« von 1450 bis 1890. Am Ende des Mittelalters erlebte die Welt die kältesten Winter seit Menschengedenken. Europa traf es besonders hart: Die Ostsee und viele Flüsse froren mehrfach zu, Ernten blieben immer wieder aus, Krankheiten grassierten.

Schwefel, Ruß und Asche von Vulkanausbrüchen hatten die Erde in diese Klimakatastrophe gestürzt. 1815 kam es zu dem berühmten großen Ausbruch des Vulkans Tambora in Indonesien. Vier weitere tropische Vulkane rumorten in den Jahren 1808, 1822, 1831 und 1835. Diese Eruptionen lösten einen Gangwechsel im Klimasystem aus, den US-Forscher um Gifford Miller von der University of Boulder mit einem Klimamodell durchgespielt haben: Partikel, die in hohe atmosphärische Schichten geschleudert wurden, kühlten durch den Schatten, den sie warfen, die Luft darunter ab. An den Polen breiteten sich Gletscher und Meereis aus. Das Meereis bremste gleichzeitig warme Strömungen wie den Golfstrom, so dass weniger Wärme in hohe Breiten gelangte. Die Abkühlung ließ noch mehr Eis wachsen. Im letzten extremen Vorstoß der Alpengletscher rückten sie bis in die Täler vor.

Diese Kettenreaktion kam in Gang, weil sich durch die vulkanische Himmelsbeschattung die globale Temperatur um ein Grad Celsius verändert hatte. Dieselbe Temperaturveränderung in entgegengesetzter Richtung verzeichnen wir heute angesichts eines neuerlichen Klimaumschwungs.

Mit Eisen in die Eiszeit?

Eine verhältnismäßig kleine Ursache hat große Wirkungen. Das macht es Wissenschaftlern so schwer, aus Klimaveränderungen der Vergangenheit Modelle für die Gegenwart und Zukunft abzuleiten. Zu diesen Forschern zählt Mike Kaplan, der seit mehr als einem Jahrzehnt Eiszeiten studiert. Dazu sammelt der Geologe von der Columbia University in New York urtümliche Sedimente und Staubpartikel. Im April 2013 entdeckte er an der Südküste Patagoniens eine Kiesgrube mit Zeugnissen der jüngsten »großen« Eiszeit: Kies, zermahlen von einem der vielen Gletscher, die einst Nord- und Südamerika bedeckt hatten. Er wurde vor etwa 20 000 Jahren abgelagert – dem Höhepunkt der letzten Eiszeit.

Als Kaplan die dunkelgrauen Brösel in eine Plastiktüte kratzte, kam ihm eine Idee: Dieser Fundort südlich des Südpolarmeers könnte sich bestens dazu eignen, die umstrittene Eisenhypothese zu überprüfen. Sie dreht sich um den Klimaeffekt jenes Staubs, der in die Ozeane fällt.

Diese bahnbrechende These war 1990 vom verstorbenen Ozeanographen John Martin im Magazin *Paleoceanography* veröffentlicht worden. Ihre Kernaussage: Während der Eiszeit könnten starke Winde über kalte, spärlich bewachsene Kontinente große Mengen an eisenhaltigem Staub – wie der Staub in Kaplans Hand – ins eisenarme Südpolarmeer transportiert haben. Dort versorgte er die Kalkalgen und anderes Phytoplankton mit deren wichtigstem Nährstoff. Dieser Staub befruchtete die Meeresökosysteme und stärkte eine »biologische Pumpe«, die mehr Kohlenstoff in die Tiefsee transportierte und die atmosphärischen CO_2-Werte senkte. Den Anstoß dafür gab laut Martin die Eisendüngung. Sie habe zu einer verstärkten Algenblüte und damit indirekt zur Kühlung der Atmosphäre beigetragen. Wenn Algen blühen, wird eine Schwefelverbindung namens DMS (Dimethylsulfid) frei. Diese Schwefelpartikel fungieren als Saatkörner für die Bildung von Wolken. Sie blockieren den Einfall von Sonnenlicht. Folglich wird es über dem Meer kühler – und letztlich auf der ganzen Erde.

Kalkalgen sorgen für kilometergroße Algenblütenteppiche, die sogar von der Raumstation ISS sichtbar sind. Und die Coccolithophoriden fangen auch das Treibhausgas Kohlendioxid ein, indem sie es in ihren Kalkmantel einschließen. Der Extrabonus fürs Klima: Sinken die Kalkplättchen zum Meeresgrund, verschwindet darin auch das CO_2 sicher verpackt in der Tiefsee.

»Coccolithophoriden sind die produktivsten Kalkbildner in den Weltmeeren«, sagt André Scheffel. Sie stellen in den lichten Zonen der Ozeane jedes Jahr schätzungsweise eine halbe Milliarde Tonnen Kalk her. »Dieser Kalkbildung«, so der Forscher vom Max-Planck-Institut für molekulare Pflanzenphysiologie in Potsdam-Golm,

»kommt eine hohe biogeochemische Bedeutung zu, da sie den Austausch von CO_2 zwischen Atmosphäre und Meerwasser und somit unser Klima beeinflusst«.

Ozeanograph Martin schloss seine Veröffentlichung mit dem Vorschlag, durch Eisendüngung Algenblüten auszulösen, um so verstärkt die globale Erwärmung einzudämmen. »Gebt mir einen halben Tanker Eisen, und ich gebe euch eine Eiszeit«, sagte er einmal halb im Scherz. Dreißig Jahre nach Martins kühner Idee haben Wissenschaftler mit Eiskernanalysen das Klima in der Antarktis in den letzten 140 000 Jahren nachgezeichnet. Das Ergebnis gibt Martin recht: Staub aus den Eiszeiten enthielt 15- bis 20-mal mehr Eisen als Staub aus den Zwischeneiszeiten. Als die Gletscher in der letzten Eiszeit wuchsen, war auch die Staubkonzentration auf ihrem Höhepunkt, während gleichzeitig die Temperaturen und CO_2-Werte sanken. Das Ende der Eiszeit wiederum fiel zusammen mit einem Rückgang des Staubs und einem Anstieg der Temperaturen und des Kohlendioxids.

Trotz der anfänglichen Skepsis gegenüber der Eisenhypothese wurden zwischen 1993 und 2005 13 Experimente durchgeführt, bei denen insgesamt etwa 300 bis 3000 Kilogramm gelöstes Eisen in kleine Gebiete des Südlichen Ozeans, des äquatorialen Pazifiks und des Nordpazifiks geschüttet wurden. Doch nur zwei Versuche konnten das Algenwachstum ankurbeln und nachweisen, dass dadurch Kohlendioxid abgebaut wird; die anderen Ergebnisse waren nicht eindeutig, oder es zeigten sich keine Auswirkungen.

Warum funktioniert die Eisendüngung so schlecht? Eisen kommt auf der Erde selten in seiner reinen metallischen Form (Fe) vor. Stattdessen reagiert es leicht mit Sauerstoff, um verschiedene Eisenoxide zu bilden. Wurde bei den Experimenten ein Eisenoxid verwendet, das dem Phytoplankton nicht schmeckt?

Niemand zuvor hatte Eiszeitstaub so rigoros untersucht wie Forscher Kaplan. Er ließ seine Proben aus Patagonien bis ins letzte Detail analysieren und fand heraus, wie reich sie an löslichem Eisen waren. Dann fütterte er die am häufigsten vorkommende Kieselalgenart, Phaeodactylum tricornutum, mit dem Gletschersediment. Das Phytoplankton vermehrte sich 2,5-mal so schnell wie bei einer Düngung mit einem Sediment, das eine weniger lösliche Form von Eisen enthielt. Berechnungen ergaben: Die rasante Vermehrung würde sich in einer etwa fünffachen Zunahme der Kohlenstoffaufnahme niederschlagen.

Bei den Geo-Engineering-Experimenten wurde kein Original-Eisenstaub aus eiszeitlichen Gletschern verwendet. Offenbar schlugen deswegen viele Versuche fehl. Zudem stellte sich heraus, dass das verwendete Eisensulfat rasch sinkt, wodurch die CO_2-Abbauwirkung schwindet. Nun wird an Düngung mit Eisenstaub geforscht, den eisenfressende Bakterien produzieren. Dieses biogene Oxid soll zudem dahingehend optimiert werden, dass es nicht rasch sinkt.

Ist Klempnern am Klima überhaupt sinnvoll?

Viele Wissenschaftler und auch der Weltklimabericht sind sich darin einig: Ohne Eingriffe ins System werden wir die Erderwärmung nicht auf 1,5 Grad begrenzen können. Wir müssen einen großen Teil unseres CO_2 wieder aus der Atmosphäre zurückholen. Warum aber diese »negativen Emissionen« ausgerechnet mit Hilfe der Ozeane produziert werden? Weil die blauen Lungen unseres Planeten jährlich mehr als 25 Prozent des Kohlendioxids entziehen, das wir freisetzen. Das könnte man steigern. Wie aber verhindert man, dass CO_2 in den Ozeanen mit Wasser zu schwacher Kohlensäure reagiert und die Ozeane dabei versauern? Besonders gefährdet sind kalkbildende Organismen wie Muscheln und Korallen. Sie können im saureren Wasser ihre Kalkskelette und -schalen nicht mehr so gut bilden.

Einen Ausweg bietet die neue Methode der Alkalinisierung. Ihr Staub kann die CO_2-Aufnahme der Ozeane steigern und zugleich die Versauerung aufhalten. Im Raunefjord südlich von Bergen testet Professor Ulf Riebesell vom GEOMAR Helmholtz-Zentrum für Ozeanforschung die Alkalinisierung. Dabei wird fein zermahlenes Karbonatgestein ins Meer gekippt. Das mineralische Pulver neutralisiert die Kohlensäure im Wasser, wodurch es mehr CO_2 aus der Luft aufnehmen kann. Positiver Nebeneffekt: Es entsteht das Ion Hydrogenkarbonat. Es dient kalkbildenden Organismen zum Aufbau ihrer Kalkschalen. Weniger positiv: Bis Ergebnisse vorliegen, werden noch Jahre vergehen. »Für eine realistische Einschätzung bräuchten wir zehn Jahre Forschung«, sagt Riebesell. Kann er schon jetzt eine Abschätzung geben? »Ich kann weder grünes Licht geben noch sagen: ›Bloß nicht.‹«

Auch an Land wird seit Kurzem mit Staub experimentiert, um CO_2 aus der Luft zu entfernen. Basaltstaub wird in den USA auf Äckern und Feldern verteilt. So könnten mit etwa der Hälfte der landwirtschaftlichen Flächen weltweit jährlich zwei Milliarden Tonnen CO_2 gebunden werden. Dies entspricht den jährlichen Emissionen von Deutschland und Japan zusammengenommen. Positiver Nebeneffekt: »Ein großer Teil dieses Karbonats wird schließlich in den Ozean gespült und landet als Kalkstein auf dem Meeresboden«, sagt Jim Hansen von der Columbia University. »Eine natürliche, dauerhafte Senke fürs Klimagas.«

Basalt ist eines der am häufigsten vorkommenden Gesteine der Erde, und Abfälle aus dem Bergbau sowie der Zement- und Stahlherstellung könnten für die neuartige Methode verwendet werden. Der in der Fachzeitschrift *Nature* veröffentlichten Analyse zufolge entsprechen die Kosten der Basaltdüngung dem von der Weltbank für 2050 prognostizierten Kohlenstoffpreis von 100 bis 150 Dollar – dem Datum, bis zu dem die Emissionen auf null sinken müssen, um eine Klimakatastrophe zu vermeiden.

Mit Calciumcarbonat, eigentlich Kreidestaub, versucht David Keith, den globalen Temperaturanstieg zu bremsen. Viereinhalb Pfund wollte der Forscher von der Harvard University von einem hoch fliegenden Ballon aus in die Atmosphäre sprühen. So sollte getestet werden, wie effektiv dieser Staub das Sonnenlicht reflektiert, um im Idealfall der Erderwärmung Einhalt zu gebieten. Doch das »Stratospheric Controlled Perturbation Experiment« (SCoPEx) im schwedischen Kiruna wurde vom Saami-Rat, der das indigene Volk der Saami vertritt, abgelehnt.

Für Keith wiegt das Risiko einer künstlich herbeigeführten Emissionssenkung nicht schwerer als die Vorteile, die Millionen von Menschen in Ländern wie Bangladesch beim Überleben der zunehmend brutalen Temperaturen entstehen. »Sozialwissenschaftler haben festgestellt, dass die Bürger von Ländern wie China, Indien und den Philippinen das solare Geo-Engineering eher als eine mögliche Option ansehen als die Bürger von entwickelten Ländern«, erklärt Keith. »Wer sollte entscheiden, ob ein Experiment durchgeführt werden soll – die Menschen, die in der Nähe leben, oder diejenigen, die am meisten davon profitieren könnten?«

Geo-Engineering und sein Rattenschwanz

Zu diesen Techniken des sogenannten Solar Radiation Management (SRM), mit dem die Sonnenstrahlung manipuliert werden soll, zählt auch die jüngste verwegene Idee. Wissenschaftler aus Utah untersuchten, ob sich die Erde mit einem Schutzschild aus Mondstaub herunterkühlen ließe. Laut ihrer Computersimulationen hat Mondstaub genau die richtige Größe und Zusammensetzung, um die Sonne wirkungsvoll abzuschatten. Der Vorschlag der Forscher: Eine gigantische Kanone schießt vom Mond aus Staub ins All – genauer: auf den Lagrange-Punkt L1. Hier sind die Gravitationskräfte von Sonne und Erde in etwa ausgeglichen – der perfekte Ort, um einen Staubschleier auszulegen. Die Mondstaubpartikel könnten dort das Sonnenlicht ins All reflektieren und es um ein bis zwei Prozent dimmen.

Doch der Plan, jedes Jahr etwa 10 Millionen Tonnen Mondstaub in den Weltraum zu schießen, ist wohl nichts weiter als Science-Fiction. Denn die Umsetzung würde nicht nur gigantische planerische und finanzielle Mittel verschlingen. Auch sei über die Wirkungen auf die Erdatmosphäre noch zu wenig bekannt, sagen Skeptiker. Dennoch ruhen Forscher nicht mit Vorhaben, zumindest die Erde regional dort abzuschatten, wo schmelzendes Eis am dramatischsten zum Anstieg des Meeresspiegels führt. Klimaforscher Wake Smith von der Yale University in New Haven möchte jenseits der 60. Breitengrade Nord und Süd in 13 Kilometern Höhe Schwefeldioxid aus Flugzeugen versprühen. Die Idee: In der unteren Stratosphäre koaguliert das Schwefeldioxid zu Partikeln. Die Wolken dieser Partikel fungieren als gigantische Strahlungsblocker und könnten nach Smiths Berechnungen die Temperatur in den Polarregionen um zwei Grad senken. Der Haken an der Sache: Es müsste eine Unmenge von Tankflugzeugflügen absolviert werden, was zusätzliche CO_2-Emissionen erzeugt, die durch mehr Schwefelpartikel zu kompensieren wären.

Regional begrenzt ist auch ein Geo-Engineering-Projekt, das mit Staub künstlich Niederschläge in den dürren Gebieten der Türkei erzeugen will. Dazu haben Forscher mit Messstationen und in Kältekammern analysiert, wie viel Staub sie brauchen, wie groß die Partikel sein müssen und welche Temperatur- und Wasserdampfverhältnisse nötig sind. »Mit Saharastaub wachsen Eiskristalle um 50 Prozent schneller als mit normalem Staub«, sagen Cemal Saydam und Gürcan Oraltay von TÜBITAK, einer der wichtigsten türkischen Forschungseinrichtungen. Sie arbeiten nun daran, mit Flugzeugen Saharastaub zu säen, um künstliche Regenwolken im Südosten der Türkei zu erzeugen.

Noch ist überhaupt nicht absehbar, welchen Rattenschwanz an Problemen jedwedes Geo-Engineering nach sich zieht. »Statt uns also über abenteuerliche Vorhaben im All Gedanken zu machen, sollten wir uns besser darauf konzentrieren, fossile Brennstoffe zu ersetzen«, schreibt Aaron Tang von der Abteilung Climate Governance der Australian National University. »Die Lösungen für den Klimawandel liegen direkt vor unserer Nase, nicht in den Sternen.«

Luftreinhaltemaßnahmen, so diverse Wissenschaftler, müssen mit Emissionsreduktion Hand in Hand gehen. Machbar sei das, indem man die gemeinsame Quelle austrockne – also Kohlekraftwerke und Dieselfahrzeuge stilllege sowie Containerschiffe umweltfreundlich umrüste.

Sorgen, wenn auch ganz anderer Art, bereitet auch Saharastaub: Er sorgt für Aufregung rund um Ötzi. Jahrzehntelang wurde angenommen, dass die Eismumie während der gesamten 5300 Jahre von Eis und Schnee bedeckt war. Einer neuen Klimaanalyse zufolge aber wurde Ötzi mehrmals aufgetaut. Wiederkehrende Saharastaubwolken ließen Ötzis Grabstätte schmelzen. Die Folge: Bei ihm gefundene Gegenstände wurden durch natürliche Prozesse an der Fundstelle beschädigt. Dies aber wirft bisherige Analysen über den Haufen. Sie waren zu dem Schluss gekommen, dass die Fundstücke während eines Konflikts zu Schaden kamen, als Ötzi vor Angreifern aus dem Tal geflüchtet war.

Ob Staub in der Atmosphäre, der die globale Erwärmung in Schach hält; ob Staub im Ozean, der das Wachstum von Kohlendioxid absorbierendem Phytoplankton fördert; oder ob Staub, der auf Gletschereis rieselt und es schmelzen lässt: Das Schicksal unseres Planten hängt weit mehr vom Staub ab, als man bislang ahnte.

STAUBRÄTSEL (GELÜFTET)

Warum ist es im Winter staubiger?

Wenn draußen Minusgrade herrschen, haben viele Menschen zurecht das Gefühl, die Wohnung sei viel staubiger als sonst. Der viele Staub kommt z.B. von der flauschigeren Kleidung und den kuschligen Decken, und wir halten uns mehr in den Räumen auf als sonst.

Beim Heizen wird Staub länger in der Schwebe gehalten und wirbelt herum. Schuld daran ist die trockene Luft, die entstehen kann, wenn die Raumluft zu wenig Wasser bindet. Zusätzlich wird beim Lüften viel Feuchtigkeit aus den Räumen abgeführt, da warme Luft mehr Feuchtigkeit aufnehmen kann als kalte. Je kälter es draußen ist, je weniger Feuchtigkeit in den Räumen anfällt und je stärker gelüftet wird, desto trockener wird die Raumluft. Sinkt die Luftfeuchtigkeit an mehreren Tagen unter 30 Prozent, können Haut und Schleimhäute an Augen, Nasen und Rachen stark austrocknen. Die Folgen sind Reizhusten, Bindehautentzündungen, Hautekzeme und ein erhöhtes Risiko für Erkältungen. Darunter leiden besonders ältere Personen, Kinder und Menschen mit empfindlichen Schleimhäuten wie Allergiker und Kontaktlinsenträger.

Wie weit verbreitet das Problem von trockener Luft auch in Büros ist, zeigt eine Studie der Zürcher Hochschule für Angewandte Wissenschaften. An fast allen untersuchten Arbeitsplätzen in 26 Gebäuden betrug die relative Luftfeuchtigkeit gerade mal 30 Prozent. Einer Faustregel zufolge gelten 40 bis 60 Prozent relative Feuchte als optimal.

11.
WIE DAS STAUB-GEDÄCHTNIS DER ERDE SCHWINDET

Die Gletscher schmelzen in einem Ausmaß, dass der Anblick nicht nur Alpinisten erschaudern lässt. Eine im Fachjournal *Science* veröffentlichte Studie zeigt, dass selbst im günstigsten Fall die Hälfte der Gletscher bis 2100 verschwinden wird. Auch die Westantarktis könnte bald schmelzen und einen Anstieg des weltweiten Meeresspiegels um mehrere Meter verursachen. Mit dem Eis schwindet auch das Gedächtnis dieser besten Archive der Welt. Sie erleiden eine Amnesie.

Gedächtnis? Amnesie? Solche menschlichen Begriffe übertragen Wissenschaftler der Paläoklimatologie auf Gletschereis, auf Meeressedimente und auf Bäume. Sie sind das Gedächtnis der Welt. Die Erinnerungen sind in ihren Zeitkapseln archiviert – in Staubpartikeln.

»Cryo-Staub« (griechisch »krios« für »Eiskälte«) nennen die Forscher das Speichermedium der Gletscher, in dem Informationen über Konzentrationen von Treibhausgas und vulkanische, solare sowie biologische Aktivitäten früherer Zeiten für die Nachwelt ablesbar aufbewahrt sind.

Grönlandeis, von dem in schlechten Zeiten eine Million Tonnen pro Minute abschmilzt, kennt die Geschichte der letzten 100 000 Jahre. Die Partikel berichten detailliert über das »anhaltende Wirtschaftswachstum in den ersten beiden Jahrhunderten des Römischen Reiches«, schreiben Forscher im Fachmagazin *Nature*. Aus den Staubkonzentrationen, die im Gleichschritt mit Kriegen und politischer Instabilität schwankten, erfahren die Paläoklimatologen, wann die Römer mit der Silberverhüttung begannen, weil sich der giftige Bleistaub über dem Eis absetzte, und wann Rom fiel, weil dieser Staub ausblieb. Staub, der sich in der Antarktis in jeder neuen Eisschicht im Laufe der Jahreszeiten und Jahre angesammelt hat, erinnert sich 800 000 Jahre zurück.

»Aber die Gletscher der Welt bluten jetzt ihre Geschichte aus«, klagt die US-Paläoklimatologin Summer Praetorius. »Die Küstengebiete Grönlands sind zu matschig geworden, um in ihnen zu bohren, so dass Wissenschaftler in diesen Regionen keine Eiskerne mehr entnehmen können und die Geschichte des Landes unzugänglich ist.«

Eine Alternative zu Gletscherstaub ist seit Kurzem Regenwurmstaub. In Regenwurmausscheidungen entdeckten Forscher der Uni Mainz Staub aus der Eiszeit. Die kalkhaltigen Partikel sind sehr gut erhalten geblieben und entpuppten sich als exzellente Klimazeiger. Sauerstoff- und Kohlenstoffkonzentrationen im Calcit-Staub erlauben Rückschlüsse auf die Temperatur und die Niederschläge, die zu Lebzeiten der Regenwürmer im Rheingebiet vor 20 000 Jahren herrschten. Erste Ergebnisse zeigen, dass in der letzten Eiszeit viel weniger Regen fiel, als bislang angenommen. Und auch die Temperaturen waren milder. »Je klarer wir die Vergangenheit über die unterschiedlichen Klimaschwankungen hinweg verstehen, desto besser können wir unterscheiden, was natürliche und was vom

Menschen gemachte Einflüsse sind«, sagt Peter Fischer vom Geographischen Institut der Mainzer Gutenberg-Uni.

Das Wichtigste der Paläoklimaarchive, ist für Forscherin Praetorius, »dass sie uns zeigen, wie die reale Welt zerbricht. Wie Resilienz in katastrophales Versagen umschlägt.« In der Biosphäre ist die Widerstandsfähigkeit eng mit dem Gedächtnis verknüpft – sie ist die Fähigkeit eines Systems, nach einer Störung wieder zu einem Gleichgewichtszustand zurückzufinden, was die Erinnerung an frühere Zustände voraussetzt. Das ökologische Gedächtnis in Waldökosystemen kann beispielsweise Informationen und materielle Hinterlassenschaften enthalten, die Anpassungsstrategien an Störungen wie Feuer, Dürre oder Temperaturschwankungen aufzeigen. Zu den materiellen Hinterlassenschaften gehören Samen, die nach einem Feuer sprießen, und tote Baumstämme, die Pflanzen und Pilze beherbergen.

Materielle Hinterlassenschaften können jedoch verloren gehen oder abnehmen, wenn sich die Umweltbedingungen ändern. Oft sind diese Veränderungen durch den Menschen bedingt, etwa durch die Ausrottung von Arten oder die Einführung invasiver Arten. Diese Veränderungen können zu einer »Resilienzschuld« führen, der verminderten Fähigkeit eines Systems, sich zu erholen. Diese Schuld wird jedoch erst deutlich, wenn ein Ökosystem gestört ist.

Die Bedeutung der Speicher liegt also nicht allein in den darin enthaltenen Informationen. Das Gedächtnis dient dem Erdsystem auch als Puffer, um auf Schwankungen zu reagieren. Dieselbe Struktur aber, die sich angesichts einer geringen Störung stabilisieren kann, kippt, wenn die Geschwindigkeit der Veränderungen zu groß wird – und Welt-Gedächtnis geht verloren.

Einen sogenannten »climate tipping point« kann man sich mit einem Ball und einem Hügel vorstellen, schreiben Christoph Gertsch und Michael Krogerus in der *Süddeutschen Zeitung*. »Wenn Sie dem Ball einen Stoß versetzen, rollt er kurz ein wenig nach oben, danach wird er wieder in Ihre Hände zurückrollen. Sobald man aber den Ball auf den Gipfel stößt, wird er auf der anderen Seite hinunterrollen und dabei unaufhaltsam schneller werden. Die Spitze des Hügels ist der Kipppunkt. Die meisten Systeme auf der Erde verhalten sich so. Gibt es einen äußeren Impuls, verändern sie sich leicht – und kehren wieder in ihren ursprünglichen Zustand zurück, wie der Ball, der Ihnen wieder in die Hände rollt. Ist der äußere Impuls aber anhaltend stark oder immer wiederkehrend, überschreitet das System irgendwann den Kipppunkt und verselbständigt sich. Das Überschreiten des Kipppunkts ist unumkehrbar.«

In einem Modell zeigen Forscher, dass 60 Prozent des Gedächtnisses der Erde bereits abgebaut sind und dass die Fähigkeit der Erde, ein Gedächtnis aufzubauen, beeinträchtigt ist. Dadurch hat sich die Fähigkeit, auf Belastungen innerhalb des natürlichen Rahmens zu reagieren, verringert.

Während die Amnesie der Gletscher und mittelbar der Ozeane nicht mehr aufzuhalten ist, wird das ökologische Gedächtnis jener Pflanzen auf eine harte Probe gestellt, die uns auch als grüne Staubfänger von Nutzen sind. Moosen etwa dienen die Ammoniumsalze im Feinstaub als Dünger. Und auf den Härchen von Blättern der Bäume bleibt Staub hängen. Laut Computermodellen stehen diesen Organismen größere Extreme und Unsicherheiten bevor. Die monumentalen Archive der Bäume drohen vor ihrer Zeit unterzugehen, am schnellsten und radikalsten durch zunehmende Waldbrände. Uralte Wälder und deren Jahrhunderte währende Geschichte löst sich in kurzer Zeit unwiederbringlich in Feuerwolken auf.

»Die Asche unserer ältesten Bibliotheken regnet auf uns herab, verwandelt sich in giftigen Staub, der um den Globus kreist, verdunkelt die Gletscher, die ihr Schmelzen beschleunigen, und lässt Tausende von Jahren Geschichte in den Ozean fließen und unsere Zukunft aushöhlen«, schreibt Forscherin Praetorius. »Und plötzlich herrscht eine unheimliche Stille – nur noch Rümpfe der Geschichte, die nicht mehr zurücksprechen.«

STAUBRÄTSEL (GELÜFTET)

Wäre es nicht besser, es gäbe keinen Staub?

Was ohne Staub passieren würde, kann jeder in seiner Küche beobachten: Wenn Dampf abkühlt, bilden sich Tröpfchen am Topfdeckel. Die Funktion des Deckels wird in der Natur von Schwebeteilchen in der Luft übernommen. Sie wirken wie Saatkörner für Wolken: An ihnen kondensiert der Wasserdampf und kann so in Form unzähliger Tropfen wieder zu flüssigem Wasser werden, aus dem Regentropfen, Hagelkörner und Schneeflocken entstehen. Ohne atmosphärische Kondensationskeime würde Feuchtigkeit erst bei 300 Prozent kondensieren – auf unserer Haut. Wer möchte in dieser Sauna-Welt leben?

12. WÜSTENSTAUB BRINGT LEBEN, TOD UND – GOLD

Im Juni 2020 erblickten Forscher eine Staubwolke, die so mächtig war, dass sie ihr den Namen eines japanischen Filmmonsters verpassten: Godzilla. Diese größte und dichteste Staubwolke, die seit 50 Jahren beobachtet wurde, erstreckte sich über mehr als 5000 Kilometer – von der Westküste Afrikas bis an den Rand der Kleinen Antillen im westlichen Nordatlantik. An einer Stelle war sie über 30 Kilometer hoch.

Wo auch immer dieser Staub herabfällt, sorgt er für Leben – und auch für Tod. Er schafft reichere Böden und bringt Nahrung für winzige Lebensformen an Land und im Meer. Aber er tötet auch Korallen und vergiftet Nahrungsketten. Auch verursachen Staubwinde einerseits Milliarden Euro an Kosten, während sich gleichzeitig Bewohner von Fuerteventura vom Staub ähnlich reich beschenkt fühlen, wie im Märchen von »Frau Holle«, die Goldtaler vom Himmel regnen ließ.

Die Godzilla-Staubwolke stammte aus einer der trostlosesten Gegenden der Welt, der Bodélé-Senke. Diese Bodensenke am südlichen Rand der Sahara zählt zu den staubigsten Regionen der Erde – mit dem größten Staubgebläse der Welt. Der Wind pfeift in dieser Region von der Größe Deutschlands plus noch einmal der Baden-Württembergs durch zwei Gebirgszüge und wird wie in einer Düse beschleunigt.

So wurden in den vergangenen 1000 Jahren bereits vier Meter vom Grund eines gewaltigen Süßwassersees abgeschmirgelt, der in dieser Gegend vor etwa 10 000 Jahren wogte. Er war voller Pflanzen, Fische und Mikroorganismen. Als das Wasser vor etwa 6000 Jahren verdunstete und versickerte, blieben die Überreste der einst dort lebenden Tiere und Pflanzen zurück und zerbröselten zu Staub.

Der türmte sich zu Sanddünen auf, die gewissermaßen miteinander »kommunizieren«. Das geht aus Berechnungen und Beobachtungen von Physikern der Universität von Cambridge hervor. Die Forscher hatten bei Experimenten untersucht, ob zwei identische Sanddünen während ihrer Bewegung interagieren. Tatsächlich starteten die hintereinander befindlichen Dünen gleichzeitig. Berechnungen ergaben, dass bestimmte Wirbel der vorgelagerten Düne die hintere Düne förmlich wegstoßen.

Wenn der Wind über den ausgetrockneten See fegt, wirbelt er Staub auf, der Calcium, Magnesium und Eisen von Abermillionen zersplitterter Algenschalen enthält, sowie das phosphathaltige Mineral Apatit, das von fossilen Fischen stammt. Sobald sich Partikel lösen und über den Boden schleifen, schlagen sie weitere los. Die kleinsten treiben bald aufwärts. In der Luft vermischen sie sich zunächst mit zahllosen weiteren Körnchen aus der Senke, später auch mit aufgewirbeltem Material aus anderen Teilen Afrikas. Schließlich werden die Stäube zu einer gewaltigen Wolke, die durch Luftströmungen auf Höhen von etwa fünf Kilometer getragen werden, hinein in Starkwindzonen, die den Ferntransport anpeitschen.

Schon nach wenigen Tagen erreicht der Saharastaub Mittel- und Nordeuropa. Dann legt sich ein roter, orangefarbener oder gelber

Filter vor die Sonne und bildet einen »Hof« um sie, wie es Experten nennen. Dass durch den dünnen Schleier aus Saharasand spektakuläre, farbige Sonnenauf- und untergänge verursacht würden, »ist ein weit verbreiteter Irrtum«, sagt Ulla Wandinger, Expertin für Streutheorie und Atmosphärische Optik an der Universität Leipzig bei *mdr-Wissen*. Dafür seien die meisten dieser Staubpartikel einfach zu groß. Für farbige Sonnenuntergänge brauche es winzige Stäube, die meist aus Verkehrs- und Industrieabgasen stammen. Sie sind zehn- bis hundertmal feiner als Saharastaub und reflektieren so die Rotanteile des Sonnenlichts stärker als die übrigen Spektralfarben. »Dadurch erscheint die Sonne am Horizont rot«, erklärt die Forscherin, »wie auch Wolken, die von der tief stehenden Sonne angestrahlt werden.«

Laut Angaben des Deutschen Wetterdienstes weht 50- bis 60-mal pro Jahr Wüstenstaub bis an die deutschen Mittelgebirge. Meist sei die Konzentration aber so gering, dass man ihn gar nicht wahrnehme. Im März 2022 indes war er deutlich zu sehen. Meteorologen sprechen vom stärksten Ereignis seit Jahrzehnten. Im Vorarlberg verfärbten sich die Pisten derart stark, dass vom »Sandskifahren« die Rede war. Wenn der Staub den Niederschlag rot färbt und Autos aussehen, als wären sie mit einer Rohrzuckerschicht bestreut, spricht man im arktischen Kanada vom »braunen Regen«, in Skandinavien vom »gelben Schnee«, in Spanien vom »Lluvia de sangre«, dem Blutregen. So wird das Phänomen auch hierzulande genannt. Vom »blutigen Tau, der vom Äther herniedertropft«, berichtet schon Homer im 5. Jahrhundert v. Chr. in der *Ilias*. Die Sicht von Seemännern wurde zuweilen so stark behindert, dass manches Schiff vor der Küste Afrikas strandete.

Erstaunliche Mikro-Luftfracht

Als Seefahrer Robert James am 7. März 1838 auf dem Atlantik in einen Saharawind geriet, hängte er geistesgegenwärtig ein nasses Handtuch an den Mast. Den Staub rieb er ab und stopfte ihn in Schachteln. Wieder an Land, sandte er die Proben an seinen persönlichen Freund Charles Darwin (1809–1882). Der Naturkundler reichte die Proben weiter an den wohl berühmtesten Mikroskopierexperten seiner Zeit Christian Gottfried Ehrenberg (1795–1876). Der Ordinarius an der Berliner Friedrich-Wilhelm-Universität identifizierte, wie Darwin 1846 bewundernd schrieb, »aus den fünf kleinen Päckchen, die ich ihm zugeschickt hatte, nicht weniger als 67 verschiedene organische Formen.«

Die Mikroorganismen überstehen lange Reisen unbeschadet, weil sie huckepack mit dem Staub unterwegs sind. Die Partikel dienen ihnen gleichsam als »Luftfrachtkoffer«, in dem sie vor der gefährlichen UV-Strahlung der Sonne geschützt sind.

160 Jahre später wurden diese als »Darwin's dust« bezeichneten Proben erneut untersucht und Sporen entnommen. Zu aller Überraschung konnten einige der Mikroben im Labor wiederbelebt werden. Nach neun Wochen sanfter Befeuchtung entsprossen dem Staub vitale Triebe von Vigna unguiculata, der Augenbohne.

Bei Bakterien, die sich an Staub heften, entdeckten auch israelische Forscher Erstaunliches. Mit Flugbahnmodellen verfolgten sie den Weg des Staubs zurück bis nach Nordafrika, Saudi-Arabien und Syrien. Als sie die Partikel mit Hilfe von DNA-Sequenzierung analysierten, fanden sie Bakterien, die antibiotikaresistenter waren als die meisten, die im Meerwasser, auf Pflanzen oder in Böden vorkommen. »In einem sich verändernden Klima ist zu erwarten, dass die Intensität und Häufigkeit von Staubstürmen zunehmen wird, wodurch sich die geographische Reichweite der Bakterien in der Luft vergrößert«, schreiben die Forscher in ihrer Studie, »was dazu führt, dass Staubbakterien in zuvor unberührte Lebensräume, sowohl auf dem Land als auch im Meer, eindringen.«

Potenzielle Auswirkungen des Staubs aus Afrika auf die Gesundheit von Menschen, Vieh, Pflanzen und Ökosystemen befürchten Virologen auf Fuerteventura und untersuchen ihn regelmäßig auf mögliche Krankheitserreger. Schließlich gebe es in den Gebieten, aus denen der Staub aufgewirbelt wird, riesige Viehherden, deren Dung Brutstätte für eine neue Epidemie sein könnte. Auch Geologen analysieren den sogenannten »Calima-Staub«, weil dessen natürlich vorkommende radioaktive Elemente gesundheitsschädlich sein können.

Am Morgen des 28. Dezember 2022 meldeten die Forscher eine »Sensation«: Sie hatten in Staubproben einen »extrem hohen Anteil« an Edelmetallen, darunter Gold, Silber und Palladium gefunden. »Die Werte waren so unglaublich, dass wir die Messungen sofort wiederholt haben, doch das Ergebnis war dasselbe«, sagt Chemiker Carlos da Silva von der Universität Las Palmas (ULPGC). Umgerechnet enthält eine Tonne Calima-Staub rund zehn Gramm Gold. »Dies ist eine Größenordnung, die eine wirtschaftliche Nutzung sehr rentabel macht«, erklärte der Geologe Diego del Santo Inocente gegenüber der *Fuerteventura-Zeitung*. »Bei der Goldgewinnung im Tagebau liegt der Goldanteil im Erz oft nur bei einem bis fünf Gramm pro Tonne.«

Für den Präsidenten der Inselregierung ist der Goldanteil im Calima-Staub ein »Geschenk des Himmels«, so Sergio Lloret. »Daher haben wir«, verkündete er unmittelbar nach der Goldstaubentdeckung, »bereits heute früh die Anschaffung von zwei Schmelzöfen beschlossen, um den Calima-Staub einzuschmelzen und daraus das Gold zu gewinnen. Wir fordern die Bevölkerung auf, den Staub auf ihren Terrassen nicht zu entsorgen, sondern zu sammeln, bis die Schmelzöfen in Betrieb sind. Die Bürger können ihren Staub dann gegen einen Kostenanteil von zehn Prozent der Edelmetallausbeute bei uns einschmelzen lassen. So könnte Fuerteventura mit jeder Calima-Episode unabhängiger von Tourismus werden.«

Forscher vermuten, dass der bisher unbekannte Ursprung der Edelmetalle in einem Wüstengebiet in der Nähe der marokkanischen Küste zu finden ist. Die marokkanische Regierung reagierte prompt. »Die Edelmetalle in der Sahara gehören uns«, erklärte der marokkanische Botschafter in Madrid, Ahmed al Jable. »Wir werden uns der Ausbeutung der Sahara durch fremde Länder entschieden widersetzen. Unsere erste Maßnahme wird sein, dass wir die Teile der Sahara, aus denen die Edelmetalle stammen könnten, großflächig mit Plastikfolien abdecken.«

Nützlicher Phosphor-Import aus Afrika

Für andere chemische Bestandteile von Saharastaub interessiert sich die NASA und dockte im Juni 2022 »EMIT« an die Internationale Raumstation ISS an. Dieses Instrument zur Untersuchung von Mineralstaubquellen an der Erdoberfläche (EMIT steht für »Earth Surface Mineral Dust Source Investigation«) ist mit einem bildgebenden Spektrometer ausgerüstet. Es kann 300 000 Spektren pro Sekunde messen. Mineralien im Staub reflektieren Licht in unterschiedlichen Wellenlängen des Spektrums. Diese Muster sind »spektrale Fingerabdrücke« der chemischen Zusammensetzung.

Das Augenmerk richtete sich vor allem auf den Partikelmix von einer der größten Staubquellen der Erde. »Der Wind trägt jedes Jahr etwa 182 Millionen Tonnen Saharastaub auf das Meer hinaus«, hat NASA-Atmosphärenforscher Hongbin Yu in mehrjährigen Beobachtungen ermittelt – eine Menge, mit der man täglich um die

25 000 Sattelschlepper füllen könnte. Nun sollte mit Hilfe von EMIT ein Rätsel gelöst werden, das Forscher schon lange beschäftigte: Wie kann es sein, dass im Amazonas eine überbordende Artenvielfalt herrscht und seit Jahrmillionen riesige Bäume und üppiges Grün wachsen, wo doch dieser Regenwald auf den nährstoffärmsten Böden der Welt steht?

Um wachsen zu können, brauchen Pflanzen Nährstoffe. Einer der wichtigsten ist Phosphor. Und genau dieser ist in den Tropen rar. Dieses Mineral, das durch die Verwitterung des Gesteins eingetragen wird, spülen Tropenschauer in die Flüsse. Wie aus einer auslaufenden Badewanne werden die Pflanzennährstoffe aus dem Amazonasbecken abgelassen.

Des Rätsels Lösung fand sich, als man den Mineraltransport per afrikanischem Staubgebläse aus der Bodélé-Senke analysierte. »Mit schätzungsweise 22 000 Tonnen Phosphor pro Jahr düngt der Saharastaub den Amazonas«, sagt Forscher Yu. »Das entspricht in etwa der Menge, die durch Regen ausgewaschen wird.« Noch Genaueres ermittelten US-Forscher mit einer Rawinsonde – einer ballongetragenen Radiosonde, die Temperatur, Druck, Luftfeuchtigkeit sowie Windgeschwindigkeit und -richtung misst. »Bis zu vier Kilo Phosphor fallen jährlich auf jeden Hektar«, so die Forscher, die darüber staunten, »dass einzelne Sturmereignisse rund 480 000 Tonnen Staub einbringen«.

Ohne Phosphor-Import aus der Wüste könnten auch die Riesenmammutbäume in der kalifornischen Sierra Nevada nicht zu den mächtigsten Holzgewächsen der Erde heranwachsen. »In den letzten Jahren haben wir uns zunehmend darüber gewundert, wie all diese riesigen Bäume überleben können, obwohl der Fels darunter kaum Nährstoffe liefert«, schreibt Emma Aronson in ihrer Studie. Sequoiadendron giganteum, so die Geologin von der University of

California in Riverside, erreicht seine beeindruckende Dimension nur, »weil Staub aus der Wüste Gobi mehr Phosphor liefert als die Verwitterung des zu Grunde liegenden Gesteins«. Nährstoffreich ist dieser Staub, weil sich in ihm Reste der Skelette von Meeresbewohnern befinden. Sie besiedelten einst ein zentralasiatisches Gewässer, das heute Trockengebiet ist.

Von den Wüsten Gobi und Taklamakan wurde im Laufe der Jahrmillionen so viel mineralreicher Staub weggeblasen, dass dessen ausgezeichnete Düngerqualität ein landwirtschaftliches Paradies erschuf: das chinesische Lössplateau. Der steinfreie Staub, der aus der Luft kommt, also äolischen Ursprungs ist, rieselte über eine Fläche von mehr als 250 000 Quadratkilometern. Das entspricht etwa der eineinhalbfachen Größe Deutschlands. Zusammen mit anderen Lössgebieten im Norden Chinas bedeckt der staubige Boden ein Fünftel des gesamten Landes. In vielen Gebieten erstreckt sich der Löss knapp 100 Meter in die Tiefe, an einer Stelle sogar 300 Meter. Weltweit bedeckt Löss zehn Prozent der gesamten Erdoberfläche. Darauf wachsen schätzungsweise 80 Prozent des Getreides sowie Zuckerrüben und Weinreben. Staub ernährt die Welt.

Nicht nur sein Gehalt an Tonmineralen macht Löss sehr fruchtbar. Er kann auch sehr viel Wasser für die Pflanzen nutzbar speichern – rund 200 Liter in einem Kubikmeter Boden. Zudem ist er leicht durchwurzelbar und gut durchlüftet: alles Faktoren, die Pflanzen brauchen.

Auch wenn Gletscher das Gegenteil von Wüsten sind, so stammt doch auch von ihnen nährstoffreicher Staub. Er sorgte dafür, dass »Löss der ertragsreichste Boden in Bayern ist«, wie Roland Eichhorn erklärt. »Der fruchtbare Boden ist eine Hinterlassenschaft der kalten Winde aus der Eiszeit vor 10 000 Jahren«, so der Leiter des geologischen Dienstes beim Landesamt für Umwelt. Diese Winde wehten von den vergletscherten Alpen herüber und transportierten den feinen Gesteinsstaub, der sich unter den mahlenden Gletschern gebildet hatte und vor ihnen ablagerte. Bis zu einem Meter türmte sich die Staubfracht auf und schuf im Mainfrankengebiet bei Ochsenfurt und dem Gäuboden bei Straubing nährstoffreiche Böden.

Nicht immer aber befördert Staub Superfood für Pflanzen. Auf eine unliebsame Eigenschaft von Saharastaubwolken stießen Forscher, als sie die Zeittafel ihrer karibischen Messstationen inspizierten. Dort zeichnete sich ab, dass seit den Sechzigerjahren in der Karibik immer dann ein Massensterben von Geweihkorallen oder Diademseeigeln eintrat, wenn sehr große Staubmengen aus Afrika angeweht wurden. Als die Forscher an »Staubtagen« vier- bis zehnmal mehr Mikroben als gewöhnlich fanden, ließ sich die Verbreitung von Erregern nicht anders erklären als mit Staub, der sich auf dem Meer ablagert.

Staubstürme hat es aber doch schon immer gegeben. Warum waren sie plötzlich für marine Lebewesen gefährlich geworden? »Der Mensch verändert die Staubfracht«, erklärt Christina Kellogg vom Amerikanischen Geologischen Dienst USGS im Deutschlandradio. »Weil heute mehr Menschen und Tierherden in der Sahara leben, steigt der Gehalt an Fäkalbakterien. Außerdem ist der Staub chemisch belastet, etwa durch Pestizide. Zudem wird in Afrika der Müll meist verbrannt, auch Plastik oder Reifen. Die Verbindungen, die dabei entstehen, finden wir im Staub. Das alles kann den chemischen Unterschied zu früher ausmachen.« Die Chemikalien im Staub-Cocktail verringern die Widerstandskraft der Meerestiere – sie werden anfälliger für Krankheitserreger.

Im Staub tummeln sich auch für Landwirte gefährliche Keime. Blauschimmel ist ein solcher Staub. Peronospora tabacina gehört zu den gefährlichsten Tabakkrankheiten, was Tabak zu einer der chemikalienintensivsten Kulturen der Welt macht. Um die beträchtlichen Schäden im Tabakanbau zu verringern, arbeiten Forscher an einer Kombination aus Meteorologie und Biologie. Mit gezielten Wettervorhersagen wollen sie den Flug der Pilzsporen vorhersagen, um unnötige Schädlingsbekämpfung zu vermeiden beziehungsweise die Pflanzen rechtzeitig zu schützen.

Insbesondere Staub aus der Sahara hat in Staaten entlang der Atlantik- und Mittelmeerküste enorme Auswirkungen auf die Gesundheit, die Umwelt und die Wirtschaft. Dort verursachen der Weltbank zufolge Sandstürme jährliche Kosten von über 150 Milliarden Euro und senken in den Ländern das Bruttoinlandsprodukt um über 2,5 Prozent. Die Auswirkungen reichen von Sichtbehinderung, die den Warentransport einschränkt, über Schäden in der Landwirtschaft bis hin zu vorzeitigen Todesfällen aufgrund hoher Feinstaubbelastung. Dabei könnten schon viel kleinere Mengen der Partikel in der Luft als bisher angenommen zum Tod führen. »Wir haben herausgefunden, dass Feinstaub im Freien jedes Jahr für bis zu 1,5 Millionen zusätzliche Todesfälle auf der ganzen Welt verantwortlich sein könnte, und zwar aufgrund von Effekten bei sehr niedrigen Konzentrationen, die bisher nicht erkannt wurden«, so Scott Weichenthal, außerordentlicher Professor in der Abteilung für Epidemiologie, Biostatistik und Arbeitsmedizin an der McGill University und Hauptautor der im September 2022 in *Science Advances* veröffentlichten Studie.

Das Verschwinden der Biokruste

So klein der Staub auch ist, er kann auch schnell zu einem Unglück führen, wie am 8. April 2011 in Mecklenburg-Vorpommern.

Plötzlich fegte eine Staubwolke über die zweispurige A19 zwischen Berlin und Rostock. Sie stülpte sich übers Auto »wie ein weißes Rollo, das runtergezogen wird«, so eine Unfallbeteiligte. Insgesamt prallten in einer Massenkarambolage 85 Fahrzeuge ineinander – in beiden Fahrtrichtungen. Mehr als hundert Menschen wurden verletzt, zehn Menschen kamen ums Leben.

Über Wochen hatte eine Dürre die Ackerböden ausgedörrt. Windböen mit einer Geschwindigkeit von bis zu 100 Kilometern pro Stunde hatten Staub in der Umgebung aufgewirbelt, über die Autobahn geweht und den Autofahrern damit die Sicht genommen.

Solche Staubstürme könnten in Zukunft häufiger vorkommen, glaubt der Atmosphärenchemiker Joseph Prospero, ein Pionier der Staubforschung. Seit mehr als 40 Jahren zählt er Staubkörner mit rund um den Globus verteilten Staubfallen. »Seit den 1970er-Jahren hat die Staubmenge dramatisch zugenommen«, so der emeritierte Professor für Meeres- und Atmosphärenchemie von der University of Miami. »Sie liegt heute vier- bis fünfmal so hoch wie zu Beginn der Messungen.«

»Es gibt Untersuchungen, die darauf hinweisen, dass die Staubproduktion dadurch stärker wird, dass Oberflächenwinde in Wüsten heftiger werden«, ergänzt Physikerin Ina Tegen vom Institut für Troposphärenforschung in Leipzig. »Da höhere Temperaturen zu erwarten sind, wird es mehr Stäube geben – ein direkter Aspekt des Klimawandels.«

Ina Tegen schätzt, dass die Hälfte des Wüstenstaubs, der heute in der Luft ist, von Böden stammt, die durch menschliche Nutzung in Anspruch genommen werden. Wenn das stimmt, dann ist die Wüstenstaubbelastung des Planeten doppelt so hoch wie in der Zeit vor der Landwirtschaft.

Immer intensivere Landnutzung sorgt für das Verschwinden der »Biokruste«, einer mikrobiellen Matte, die den trockenen Boden bedeckt und den Staub an Ort und Stelle hält. Diese nur wenige Millimeter dicke »Haut« aus Pilzen, Flechten, Moosen und Mikroben klebt den Sand zusammen. »Wir schätzen, dass alle Biokrustenvorkommen zusammen die globalen atmosphärischen Staubemissionen um etwa 60 Prozent reduzieren«, fasst Bettina Weber das Ergebnis ihrer Studie zusammen. Bis 2070, so die Ökologin an der Universität Graz, werde die Biokrustendecke durch den Klimawandel und die verstärkte Landwirtschaft abnehmen, je nach Szenario zwischen 25 und 40 Prozent – mit der Folge, dass mehr Staub in die Atmosphäre gelangt.

Es ist noch nicht lange her, dass Wissenschaftler Wüstenstaub als bloße Belästigung abtaten. Doch während immer mehr rekordverdächtige Staubstürme aus Afrika heranrollen, stellen sie fest, dass Staub mit immer neuen Überraschungen aufwartet – guten wie schlechten.

Die Magie der Mineralisierung

»Eine Nation überlebt so lange wie ihre Böden. Auf der Gesundheit seiner Äcker ruht das Schicksal seines Reiches«, schrieb der Ökologe John Hamaker in seinem Buch *Survival of Civilization*. Er löste damit in den Siebzigerjahren die Bewegung der Remineralisierer aus. Hamaker propagierte, dass die Remineralisierung des Weltbodens mit Steinstaub, einem Nebenprodukt des Steinbruchs, unfruchtbaren Boden wiederbeleben und den Klimawandel umkehren könnte. Heute schwärmen Remineralisierer im Internet von monströsem Gemüse voller gesunder Mineralien, sobald Staub in den Boden gerührt werde. Dies begeistert die Steinbrecher-Industrie, die jedes Jahr Hunderte Millionen Tonnen Staub produziert, wobei die »Branche zur Gewinnung von Steinen und Erde« im Jahr 2022 deutschlandweit einen Umsatz von rund 2,2 Milliarden Euro erzielte.

Hamakers Anhänger machen die heute weit verbreiteten Praktiken der Landwirtschaft für die Degeneration der Böden verantwortlich – die Verwendung von NPK-»Volldünger«: Nitrat, Phosphor und Kalium. Diese chemischen Elemente der künstlichen Düngung würden lediglich zu einer kurzfristigen Ertragssteigerung führen und zum Einsatz von Pestiziden zwingen.

Tatsächlich haben Experimente gezeigt, dass Staub geschädigte Böden wieder vitalisieren kann, indem das Zuviel an Säure neutralisiert wird. Auch verändert sich in extrem nährstoffarmen Böden durch das Ausbringen von frischem Staub das Mineralienbild recht schnell. In einer der jüngsten Studien kamen Forscher zu dem Ergebnis, dass Silikat-Gesteinsmehl die Ernteerträge steigern und die Bodengesundheit verbessern kann. Doch viele Studien zeigen auch, dass die Wirkungen von Gesteinsmehl umstritten und oft nur schwer nachweisbar sind.

Biodynamisch arbeitende Landwirte und Gärtner indes dürften sich nicht sonderlich für den wissenschaftlichen Disput interessieren. Puristen bevorzugen Gletscherstaub, da er ähnlich wie Granitstaub viele Arten von Gestein und eine Vielfalt an Mineralien enthält. Auch Urgesteinsmehl, aus vulkanischem Gestein hergestellt, bewirke durch seine natürliche mineralische und chemische Vielfalt eine optimale Nährstoffverfügbarkeit für Pflanzen und aktiviere das Bodenleben. Auch werden aus Bergkristallmehl homöopathische Präparate zur Stärkung der Reben und des Weinbergbodens hergestellt. Ob die Weine wegen oder trotz des Staubs so gut sind, darüber streiten sich die Geister.

STAUBRÄTSEL (GELÜFTET)

Warum färbt Staub den Himmel rot?

In der Erdatmosphäre brechen unzählige Staubteilchen das Sonnenlicht. Sie reflektiert das Licht, das verschiedene farbige Anteile enthält. Da das kurzwellige rote Licht ungleich öfter auf die Partikel trifft als langwelliges Licht, »errötet« die Atmosphäre für unsere Augen.

Die physikalischen Gesetze der Streuung des Lichts beschrieb als Erster der britische Physiker John Tyndall (1820–1893). Auf dem nach ihm benanntem »Tyndall-Effekt« beruht heute noch die Messung des Staubgehalts in der Luft. Je deutlicher man den Lichtstrahl sieht, desto mehr Staubteilchen brechen das Licht.

13.
VULKANE – STAUB, DER GESCHICHTE SCHREIBT

Am 19. September 2021 schickte mir mein Vermieter über WhatsApp ein Video: Der Cumbre Vieja auf La Palma war ausgebrochen. Der namenlose Westkrater des Vulkans stieß glühendes Gestein aus, spuckte Feuer und Asche. Rot glühende Lavaströme rollten auf Häuser zu, auch auf das Domizil meines Vermieters.

Pyroklastisches Material in Lavafontänen und Vulkanbomben zerstörte mehr als 2500 Gebäude und Wohnhäuser. Und fast unaufhörlich regnete es Asche, die selbst die Landschaft im Norden der Insel mit einer schwarzgrauen Schicht überzog. In den ersten Wochen fegten Helfer mit Räumfahrzeugen 200 Tonnen pro Tag zusammen. 86 Tage lang rumorte der Vulkan. Es war der längste Ausbruch in der jüngeren Geschichte der Kanareninsel.

»Organismen, die unter der Lava begraben wurden, starben sofort. Und es wird Jahre oder Jahrzehnte dauern, bis sich auf der erkalteten Lava wieder neue Pflanzen ansiedeln«, sagte Fernando Tuya, Experte für Biodiversität und Umweltschutz an der Universität Las Palmas de Gran Canaria. »An der Westküste, wo die glühende Lava in den Atlantik floss, könnte das Ereignis auf lange Sicht jedoch ›bereichernd‹ sein. Die Lava wird einen Felsen bilden, der Nährboden für eine Reihe von Meerestieren sein wird, die ihn in drei bis fünf Jahren besiedeln können«, so der Experte im Deutschlandfunk.

Lavaasche speichert Wasser und ist reich an Phosphor, Kalium und Calcium – Nährstoffe für Pflanzen und Dünger, der satte Ernteerträge verspricht. Grund genug für Menschen, sich seit Jahrtausenden immer wieder an den Hängen von noch aktiven Vulkanen anzusiedeln und das Risiko eines Ausbruchs in Kauf zu nehmen.

Land zu zerstören und neues Land entstehen zu lassen, diese Dualität des Vulkanismus spiegelt sich nirgendwo so deutlich wider wie auf Hawaii. Als am 27. November 2022 der höchste aktive Vulkan der Welt, der Mauna Loa, ausbrach, legten verzweifelte Menschen verschiedene Opfergaben vor die heranrückende Lavafront. Sie wollten damit die Göttin Pele besänftigen. In der alten Legende der polynesischen Ureinwohner gilt sie als Göttin der Zerstörung. Doch sie trägt auch den Beinamen »Die, die das Heilige Land formt«. Sie formt es dort, wo Lavaströme ins Meer münden. Diese Ströme entstehen der Legende nach aus feinen Lavafäden, die in Wahrheit Peles Haare seien. Daher verfluche sie jeden, der Lavagestein von der Insel mitnimmt. Tatsächlich häufen sich im Visitor-Center der Nationalparkverwaltung von Hawaii Rücksendungen von Lavasteinen. Touristen hatten sie als Souvenir mitgenommen – und wieder zurückgeschickt, als sie vom Pech verfolgt wurden …

Von Indonesien zu Bonaparte und Frankenstein

Auf sowohl zerstörerische als auch belebende Weise wirkte auch der Ausbruch des Tambora auf die Geschichte Europas ein. Dieser indonesische Vulkan explodierte 1815 mit einer Sprengkraft von 10 000 Hiroshima-Bomben – der stärkste Vulkanausbruch der Geschichte, der zu einem »unpassend bewölkten Himmel« führte, wie Victor Hugo schrieb. »Er genügte, um den Zusammenbruch einer Welt herbeizuführen«, räsonierte der Schriftsteller in seinem Roman *Les Miserables*. Er bezog sich dabei auf die Schlacht von Waterloo, in der Napoleons Armee so vernichtend geschlagen wurde, dass der Name des Ortes bis heute als Synonym für verheerende Niederlagen gebraucht wird.

Am 18. Juni 1815 trafen die Armeen von Frankreich und die alliierten preußischen Truppen in Waterloo, im heutigen Belgien, aufeinander. Napoleons Männer blieben nach ungewöhnlich starken Regenfällen im Schlamm stecken. Die Armee wurde besiegt, und Napoleon dankte vier Tage später als Kaiser der Franzosen ab.

Dass ein Zusammenhang zwischen dem Vulkanausbruch und Napoleons Niederlage besteht, konnte lange nur vermutet werden. Matthew Genge vom Imperial College London gelang es, den Beleg zu erbringen. Der Ausbruch hatte einen Kurzschluss in der Ionosphäre verursacht, so der Geologe. Dieser bewirkte einen Impuls zur Bildung von Wolken, aus denen sich heftiger Regen ergoss.

»Bisher dachten Geologen, dass Vulkanasche in der unteren Atmosphäre gefangen bleibt, weil der Auftrieb die Partikel nicht höher steigen lässt. Meine Forschung zeigt jedoch, dass elektrostatische Kräfte Asche viel höher heben können als der Auftrieb allein«, so Matthew Genge. Mit einer Reihe von Experimenten demonstrierte er, dass elektrisch geladene Vulkanpartikel mit einem Durchmesser von weniger als 0,2 Mikrometern bei großen Eruptionen die Ionosphäre erreichen können – rund 100 Kilometer über dem Boden. »Vulkanische Rauchfahnen und Asche können beide negative elektrische Ladungen haben, so dass die Rauchfahne die Asche abstößt und sie hoch in die Atmosphäre treibt«, erklärt der Forscher. »Der Effekt ähnelt der Art und Weise, wie zwei Magnete voneinander weggestoßen werden, wenn ihre Pole übereinstimmen.«

Der Vulkan schleuderte die unvorstellbare Menge von 166 Billionen Liter Staub, Schwefelpartikel und Asche in den Himmel. Sie absorbierten das Sonnenlicht, von dem nun weniger den Boden erreichte. Riesige dunkle Wolken zogen über die Welt. Als sie 1816 Europa erreichten, kam es zu einem Jahr, das bis heute das »Jahr ohne Sommer« genannt wird. Mitten im Sommer fiel Schnee, die Ernte war kläglich, Hungersnöte brachen aus.

Der Vulkanausbruch hatte aber auch kreative Ausbrüche zur Folge. Caspar David Friedrich malte faszinierende Rot- und Orangetöne in seine Sonnenuntergänge, Goethe befasste sich wissenschaftlich mit Wolken, und aus dem Schatten, der die Welt verdüsterte, trat eine literarische Gestalt, die bis heute die Phantasie der Menschen anregt: Frankensteins Monster.

»Faustgroße Hagelkörner und Regen mit einem roten Schimmer wie Blut« verbannten Mary Godwin häufig in die Villa Diodati am Genfersee. Dort wollte die junge Autorin mit drei Literaturbegeisterten einige Wochen entspannen: dem Dichter Lord Byron, seinem Leibarzt John Polidori und dem Schriftsteller Percy Bysshe Shelley, Mary Godwins künftigem Ehemann. Die düstere Weltuntergangsstimmung mag das Quartett inspiriert haben, sich literarisch an Schauergeschichten zu versuchen. Jedenfalls verfasste die erst 19-jährige Mary mit ihrem *Frankenstein* einen wahren Klassiker.

Ganz andere Folgen zeitigte der Ausbruch des Eyjafjallajökull am 14. April 2010. Da damals unklar war, wie gefährlich Vulkanaschewolken für Flugzeuge tatsächlich sind, galt weltweit die Anweisung der Internationalen Zivilluftfahrtorganisation (ICAO), aschebelastete Bereiche generell zu meiden. Die Anweisung lautete: »Bei Vulkanasche gilt unabhängig von der Aschekonzentration: Meiden. Meiden. Meiden.«

Da ein Umfliegen der Aschewolken nicht möglich war, mussten während der Eruptionsphase über 100 000 kommerzielle Flüge gestrichen werden. Der Schaden belief sich nach Schätzungen der International Air Transport Association (IATA) auf 1,8 Milliarden Dollar.

Unsichtbare Bedrohung über den Wolken

Dass das kostspielige Flugverbot berechtigt war, bestätigte im Nachhinein eine gemeinsame Studie der Universität von Island und der Universität von Kopenhagen. Die einzelnen Aschepartikel waren so hart und scharfkantig, dass sie Flugzeuge durchaus hätten schädigen können, schrieben die Forscher, die für ihre Analyse frische Vulkanasche gesammelt und analysiert hatten. Die Partikel hätten Pilotenfenster undurchsichtig machen und Triebwerke der Maschinen zerstören können. Denn Vulkanasche besteht zu über 50 Prozent aus Siliziumdioxidpartikeln, deren Schmelzpunkt weit unter den Temperaturen liegt, die im Inneren von Triebwerken auftreten. Daher besteht die Gefahr, dass eingesaugte Asche schmilzt und sich anschließend im Inneren der Turbine wieder verfestigt. Im schlimmsten Fall könnte dies dazu führen, dass das Triebwerk »pumpt« und an Schub verliert.

Nicht minder kritisch wird es, wenn die Asche so weit verdünnt ist, dass Piloten sie nicht eindeutig erkennen können. Dann ist die Konzentration mitunter noch groß genug, dass die Partikel an der Außenhülle »reiben«, wodurch diese elektrostatisch aufgeladen wird. Es entstehen kleine Blitze, die die Navigations- und Kommunikationsgeräte außer Gefecht setzen können. »Bei den Fluglotsen am Boden verschwindet die Maschine vom Schirm«, sagt Hendrik Lau vom Deutschen Zentrum für Luft- und Raumfahrt (DLR) in Köln.

Dieses Horrorszenario wurde am 15. Dezember 1989 Wirklichkeit. Eine Boeing 747–400 der KLM Royal Dutch Airlines befand sich in etwa 8500 Meter Höhe auf dem Flug von Amsterdam Schiphol nach Anchorage in Alaska. Eine Stunde zuvor war 170 Kilometer südwestlich von Anchorage der Mount Redoubt ausgebrochen. Als das Flugzeug in eine scheinbar dünne Schicht normaler Wolken flog, wurde es nach Berichten der Flugbesatzung draußen plötzlich sehr dunkel, und die Luft im Cockpit füllte sich mit einem bräunlichen Staub und dem unverkennbaren Geruch von Schwefel. Eine Minute nachdem der Jet einen Steigflug begonnen hatte, um der Wolke zu entkommen, fielen alle vier Triebwerke aus. Nun stellten auch die Generatoren die Stromerzeugung ein, so dass nur noch die batteriebetriebenen Instrumente funktionierten. Die Fluggeschwindigkeitssensoren zeigten zunächst falsche Werte an und lieferten dann gar keine Daten mehr. Eine Warnleuchte im Cockpit zeigte fälschlicherweise an, dass in einem der vorderen Laderäume ein Feuer ausgebrochen war.

Erst nachdem die Maschine mehr als drei Kilometer an Höhe verloren hatte, konnten die Piloten alle Triebwerke wieder starten. Da die vorderen Fenster des Flugzeugs wie sandgestrahlt aussahen, konnte der Pilot nur noch stehend durch die Seitenfenster des Cockpits nach vorne blicken. Dennoch landete er das Flugzeug und seine 231 Passagiere sicher in Anchorage. Aber es kostete 80 Millionen Dollar, darunter vier neue Triebwerke und eine neue Lackierung, um das Flugzeug wieder instand zu setzen.

Angesichts der einschneidenden finanziellen Folgen eines Vulkanausbruchs wollten die Fluggesellschaften selbst entscheiden, wo und wann sie fliegen, und zwar auf der Grundlage ihrer eigenen Risikoeinschätzung. Daraufhin wurden die Flugregeln gelockert. Bei Aschebelastung unterscheidet man jetzt zwischen verschiedenen Kontaminationszonen. Seit Mitte 2010 wird in laufend aktualisierten Vulkanasche-Diagrammen die Aschebelastung des Luftraums in drei verschiedenen Kontaminationsstufen angegeben und vorhergesagt: Blau steht für eine niedrige, Grau für eine mittlere und Rot für eine hohe Aschebelastung. Bereiche mit niedriger Aschekonzentration dürfen jetzt durchflogen werden. Luftraumsperrungen werden dadurch verringert, sowohl was die Größe des gesperrten Gebiets als auch was die Dauer der Sperre betrifft. »Die Zoneneinteilung vermittelt den Eindruck, dass Flüge bei geringer Aschekonzentration ›sicher‹ seien«, schreibt Ulla Annica Norrhäll, Schadenjuristin für Luftfahrtschäden beim Münchner Rückversicherer Munich RE. »Das gilt aber nicht unbedingt für die Triebwerke. Man kann nicht mit Sicherheit vorhersagen, wie gut ein Triebwerk mit der Asche zurechtkommt. Dies kann von Triebwerk zu Triebwerk sehr unterschiedlich sein.«

Aktuelle Informationen über Vulkanausbrüche und Aschewolken erhalten Fluggesellschaften von einem Netz von neun Vulkanasche-Beratungszentren (Volcanic Ash Advisory Centers, VAAC) in verschiedenen Ländern. Dort verfolgen Wissenschaftler die Höhen und Positionen der Aschewolken, so wie Fluglotsen alle Jets in ihrem Gebiet im Auge behalten. Die VAAC-Mitarbeiter beziehen ihre Informationen aus verschiedenen Quellen: Satellitenbilder,

Vulkanobservatorien, Sichtungen durch Piloten. Sobald eine Eruption begonnen hat, geben die VAAC-Wissenschaftler mindestens alle sechs Stunden eine Warnung heraus, bis die Aschewolke nicht mehr zu erkennen ist.

Auch die Flugüberwachung der Kanaren beobachtet in Zusammenarbeit mit dem spanischen Wetterdienst und dem Vulkanasche-Zentrum in Toulouse den genauen Verlauf der Ascheemissionen des Vulkans Cumbre Vieja. Dennoch kam es Ende 2021 zu einem Zwischenfall. Eine Boeing 737–800 von Ryanair, die von Teneriffa nach Brüssel unterwegs war, versuchte nach dem Start, einer Aschewolke auszuweichen. Doch offenbar waren bereits Aschepartikel in die Triebwerke geraten, die ihre Leistungen beeinträchtigten. Die Piloten kehrten um und konnten auf dem Flughafen Teneriffa-Süd zwei Stunden nach ihrem Start wieder aufsetzen.

Vulkanstaub hält nichts von Risikomanagement und bleibt unberechenbar.

STAUBRÄTSEL (GELÜFTET)

Warum kann Staub schweben?

Werfen Sie ein flaches Stück Papier oder ein Stück Alufolie in die Luft. Beide werden für einen Moment hin und her segeln. Jetzt knüllen Sie das Papier oder den Alufetzen zu einer Kugel zusammen. Das Gewicht ist gleich geblieben. Aber nun fallen beide sofort zu Boden. Im ersten Experiment kam eine besondere Eigenschaft von Staubkörnern zum Tragen: große Oberfläche im Verhältnis zu winziger Masse. Ab einer bestimmten Kleinheit wird die Oberfläche zur alles beherrschenden Größe. Sie lässt Partikel mit weniger als 0,1 Mikrometer schier endlos lange schweben.

Staub – das ist »alles, was so leicht ist, dass es von Luft emporgetragen wird«, schrieb der Kirchenvater Isidor von Sevilla (um 560–636 n. Chr.). Seine Definition hat bis heute Gültigkeit. Auf die hohe Mobilität von Staub verweist auch der Wortstamm von »Staub«: das Verb »stieben«. Es bedeutet davonfliegen, in alle Richtungen, wie etwa stiebende Funken.

14.
DIE STAUBHÄNDLER

Vor dem Büro von Jens Frank Mathiak steht ein Müllsack mit der Aufschrift »Volle Staubsaugerbeutel«. Was man für einen Scherz von Kollegen halten könnte, ist dem Chemieingenieur höchst willkommen. Die Beutel ergänzen seine Sammlung von Staubsaugerschmutz, den er sich aus aller Herren Länder zuschicken lässt.

Der große, schlanke Mann ist Projektleiter bei DMT, einem Unternehmen, das aus der ehemaligen Deutschen Montan Technologie in Essen hervorging. Zum Portfolio des international tätigen Ingenieurdienstleisters gehören Prüfstäube: für Tests von Staubsaugern, Handys, Autoteilen und auch von Krematorien und Geldautomaten.

Gewöhnlicher Staubsaugerschmutz taugt nicht als Prüfstaub, weil er viel zu uneinheitlich ist. Er bildet lediglich die Grundlage für die Entwicklung von synthetischem Prüfstaub. Jedweder Prüfstaub muss in seiner Zusammensetzung immer gleich sein. Wie ein Zollstock, den man für eine Längenmessung verwendet, dient er dazu, die Qualität eines Geräts oder Filters zu vermessen und Produkte vergleichbar zu machen.

Um diese Art von Staub herzustellen, sammelte Mathiak jahrelang Staubsaugerbeutel aus Großstädten und Dörfern, von Bauernhöfen und Kliniken, aus Ferienwohnungen und Altenheimen, aus Wohnungen von Rauchern und Nichtrauchern, von Singles und Großfamilien sowie von Haushalten, in denen neben Menschen auch Hunde und Katzen leben.

All der Schmutz wurde auf Körnung, Konsistenz, Struktur und physikalische Eigenschaften untersucht. Nach der Analyse machten sich die DMT-Staubexperten daran, den kleinsten gemeinsamen Nenner aller untersuchten Staubsaugerstäube zu finden und ihn in einen synthetischen Universal-Hausstaub zu »übersetzen«: den DMT-Prüfstaub Typ Nummer 8. Dessen künstliche Mischung ist kein Geheimrezept, denn sie ist in der DIN EN Norm 60312 vorgegeben. Mit fein gemahlener Zellulose wird die Eigenschaft von kurzen Haaren simuliert. Anstelle von Brotkrümeln ist körniger Zellstoff beigemengt. Pulver aus Dolomit ahmt die mineralischen Hausstaubbestandteile nach. Für die Bildung von Wollmäusen sorgen Fasern einer hochwertigen Baumwolle aus Ägypten.

Möchte ein Hersteller ein besonderes Gütesiegel für sein Haushaltsgerät, führt kein Weg vorbei am markenrechtlich geschützten DMT-Prüfstaub. Von ihm wird vor jedem Staubsaugertest eine festgelegte Menge in einen Teppich eingearbeitet. Kommen mehrere Teppiche zum Einsatz, soll die Wolle von derselben Schafherde stammen.

Nach DIN-Norm-Vorgaben schiebt eine Spezialmaschine die Staubsaugerdüse für einen festgelegten Zeitraum über den Teppich. Dann kommt der Staubbeutel auf die Waage, um die eingesaugte Staubmenge zu bestimmen. Ermittelt wird bei diversen Durchgängen auch die Faseraufnahme, sowie die Effizienz der Staubaufnahme bei harten glatten Böden und harten Böden mit Ritzen. »Spezieller Ritzenprüfstaub ahmt Krümel nach, die sich zwischen Holzdielen vergraben«, erklärt Mathiak. »In Altbauten können die Ritzen bis zu 25 Millimeter tief sein.« Für Staubsaugerhersteller, deren Produkte in asiatischen Ländern verkauft werden, fügt man der Prüfstaubmischung Linsen und Reiskörner hinzu.

Um auf mögliche Veränderung des Hausstaubs, etwa durch den Klimawandel, zu reagieren, lässt sich Mathiak regelmäßig Staubbeutel aus Haushalten zuschicken. So kann er überprüfen, ob das Grundrezept des Prüfstaubs neuen Anforderungen angepasst werden muss.

DTM versorgt die Entwicklungsabteilungen diverser Unternehmen mit passendem Prüfstaub. Ein Autohersteller beispielsweise hatte Probleme mit seinen Scheibenwischern. Sie nutzten sich in China viel schneller ab als in Europa. Für die Entwicklung staubresistenter Wischer lieferte DMT reproduzierbaren China-Staub.

Die Bundesdruckerei orderte Banknotenstaub. Ihre Banknoten-Schreddermaschinen litten unter dem Staub, der beim Vernichten von alten Geldscheinen entsteht. Mit einer Prüfstaubmischung, die Baumwolle enthält, wie sie in Geldscheinen zu finden ist, konnte die Feinjustierung der Schneidewerkzeuge verbessert werden. Auch Geldautomatenhersteller optimieren ihre Geräte mit künstlichem Geldscheinstaub.

Wenn es darum geht zu überprüfen, ob Geräte staubdicht sind, kommen sie in die Umweltkammer. Handys, Tankdeckel oder Kugellager werden auf einem Gitterrost fixiert und mit Staub umwirbelt. Anschließend wird gemessen, wie viel davon ins Innere eingetreten ist. Bei solchen Prüfungen wird die Korngröße des Staubs an die jeweiligen Umweltbedingungen angepasst. »Es macht natürlich einen Unterschied, ob es sich um einen Sportwagen handelt, der in Dubai unterwegs ist oder in Norwegen«, sagt Mathiak. Fährt das Fahrzeug in einer Gegend, in der korrosives Meersalz in der Luft liegt, kommt der Aramco-Prüfstaub zum Zug. Er besteht aus definierten Quarz- und Salzstäuben.

A2 fine, Arizona Road Dust und andere Stäube

Mit zunehmendem Wissen um die Gesundheitsschädlichkeit von Feinstäuben haben auch die Anforderungen an Prüfverfahren für Luftfilter zugenommen. Zu den gebräuchlichsten Filter-Teststäuben zählt der »A2 fine«. Er gehört zur Gruppe der Arizona-Prüfstäube, benannt nach dem Bundesstaat in den USA. »General Motors hat in den Dreißigerjahren festgestellt, dass der Straßenstaub in Arizona die Lebenszeit von Motoren erheblich verkürzt. Das war die Geburtsstunde der Motorluftansaugfilter, wie man sie heute noch in jedem Verbrennungsmotor findet. Um die Funktionsfähigkeit dieser Filter zu testen, wurde der Prüfstaub ›Arizona Road Dust‹ entwickelt«, erklärt Dr. Dirk Renschen, Leiter der Abteilung Produktprüfung Kälte & Luftqualität bei DMT. Mit dem Arizona Road Dust werden auch die Filter von Krematorien und von Klimaanlagen in Zügen getestet. Sammelt sich zu viel Staub auf den Kühlrippen an, entsteht eine Dämmschicht und die Steuerungselektronik versagt.

Unter den DMT-Kunden finden sich auch Unternehmen, die man nicht gleich mit Prüfstaub in Verbindung bringt. Ein Fitnessstudio etwa wollte das Quietschen bei Übungen an Geräten verhindern. Ein Sport-Schweiß-Staub schaffte Abhilfe. Auch in der Pharma- und Kosmetikindustrie sind spezielle Stäube gefragt. Aspirintabletten etwa werden mit einer magensaftresistenten Staubhülle bestäubt, und auch für die Herstellung von Cremes braucht man speziellen Staub.

DMT hat 90 verschiedene Staubtypen im Angebot, von denen jährlich insgesamt um die acht Tonnen verkauft werden. Je nach Art des Staubs kann ein Kilo rund 160 Euro kosten. Die meisten Kunden kaufen ein bis zwei Kilogramm, die wenigsten benötigen mehr als 100 Kilo für ihre Testreihen. »Weil es für die Verantwortlichen in den Unternehmen nicht immer ganz leicht zu ermitteln ist, welcher Staub für welche Prüfung verwendet werden soll, haben wir den weltweit ersten Webshop für Prüfstäube aufgesetzt«, sagt Dirk Renschen. »Hier kann man alle unsere Prüfstäube recherchieren und herausfinden, für welche Normen sie einzusetzen sind. So findet man recht einfach den passenden Prüfstaub.«

Immer mal wieder melden sich auch Privatpersonen bei der DMT. Einmal gab es die Anfrage eines Vermieters, der bei seinen Mietern heimlich Staub verteilen wollte, um zu überprüfen, ob sie richtig putzen. Ein anderer wollte 20 Kilo Hautschuppen bestellen. »Wir müssen dann leider erklären, dass wir ausschließlich für Unternehmen produzieren«, sagt Mathiak.

Dies gilt ebenso für die KSL-Staubtechnik. Ausgerechnet im Stammland der Kehrwoche hat sich dieses Unternehmen niedergelassen, das ebenfalls mit Staub handelt. Im bayerisch-schwäbischen Lauingen an der Donau produziert KSL die neueste Art von Staub: Prüfstaub für Solarmodule. »Staub auf den Oberflächen von Solarmodulen blockiert einen erheblichen Teil des einfallenden Sonnenlichts«, sagt Dr. Stefan Grob, Laborleiter bei KSL Staubtechnik. »Im weltweiten Schnitt wird mit einem halben Prozent Leistungsverlust pro Tag gerechnet«, so Grob. »Das sind umgerechnet fünf Gigawatt Strom, die Tag für Tag durch Staub verloren gehen. Das ist mehr als die drei letzten noch laufenden deutschen Kernkraftwerke liefern.«

Trockene Reinigungslösungen mit Bürsten hinterlassen oft Kratzer in der Oberfläche der Solarmodule, die das einfallende Licht ungünstig ablenken. Reinigung mit Wasser wiederum verschlingt bis zu zehn Prozent der Wartungskosten einer Anlage. Die Wassermenge, die aktuell für die feuchte Reinigung aller Module weltweit verwendet wird, könnte zur Versorgung von zwei Millionen Menschen ausreichen, haben Forscher ausgerechnet.

Für die Lösung des Problems hat KSL Staub von Photovoltaik-Modulen weltweit eingesammelt, analysiert und einen Prüfstaub entwickelt, mit dem sich reproduzierbare Tests durchführen lassen. Solarmodule werden mit dem Prüfstaub so traktiert, wie es in Wüstengegenden der Fall ist. Das Ziel der Härtetests: eine Anti-Haft-schicht zu entwickeln, auf der am wenigsten Staub haften bleibt.

»Schon fünf Milligramm Staub pro Quadratzentimeter eines Solarmoduls reduzieren die Stromerzeugung um 50 Prozent«, sagen Sreedath Panat und Kripa Varanasi vom Massachusetts Institute of Technology (MIT) in Cambridge/USA. Sie wollen die Module mit einer neuartigen Methode staubfrei machen. Ihre Lösung nutzt die Elektrostatik von Staubpartikeln.

Dazu werden Solarmodule mit einer großflächigen, durchsichtigen Elektrode bestückt und eine Spannung angelegt. So lädt sich der Staub auf dem Solarmodul positiv auf. Dann wird eine bewegliche Elektrode aus Aluminium über das Solarmodul geführt. Weil diese Alu-Elektrode negativ geladen ist, zieht sie die positiv geladenen Staubpartikel an und entfernt sie von der Moduloberfläche.

Wie für Solarpaneele kann Staub auch für Weltraumfahrzeuge zu einem großen Problem werden. Zum Beispiel ist der Mars-Rover wegen Weltraumstaub ausgefallen. Deshalb hat ein US-Forschungsteam ein neues Oberflächendesign entwickelt, das Oberflächen staubabweisend machen soll. Auf den pyramidenartigen, nanokleinen Strukturen blieben bei Tests nur zwei Prozent Staub haften. Der Trick: Die Struktur sorgt dafür, dass die Staubpartikel nicht mehr am Material haften können, sondern untereinander zusammenkleben und dann herunterfallen.

STROM AUS MONDSTAUB

Staub ist für die Entwickler von Solarzellen nicht nur ein Störfaktor: Bestimmte Komponenten können aus Mondstaub gewonnen werden. Diese Technologie soll die Energieversorgung einer Mondkolonie sicherstellen.

Mondstaub oder »Regolith« ist ein feiner grauer Pulverstaub, der zur Hälfte aus Siliziumdioxid besteht. Das Unternehmen Blue Origin hat simulierten Mondstaub bei 1600 Grad Celsius geschmolzen und durch die entstandene Schmelze elektrischen Strom geleitet. Es kam zu einem Elektrolyseprozess. Dadurch konnten die Forscher Silizium gewinnen – was für die Herstellung der Solarmodule wichtig ist. Auch Glas konnte gewonnen werden, aus dem eine Schutzschicht für die Solarzellen hergestellt werden könnte. Funktioniert die Idee auf dem Mond, kann man Solarenergie durch Solarpaneele erzeugen. Schließlich wird der Mond ständig von der Sonne bestrahlt.

KSL stellt nicht nur Prüfstaub für Solarmodule her. Das Hauptaugenmerk liegt auf Trennmittelstaub. Von Trennmittelstaub mögen bislang zwar die wenigsten gehört haben, doch wir hantieren regelmäßig damit. Was vermeidet beim händischen Verarbeiten von Teig das Ankleben auf der Arbeitsfläche? Getreidemehl. Was hält das Kochsalz in der Packung selbst dann noch rieselfähig, wenn sie schon geöffnet ist? Calcium- und Magnesiumcarbonatpartikel. Und warum löst sich fertig geriebener Käse selbst bei längerer Lagerung noch gleichmäßig aus der Verpackung? Dank Staub aus Kartoffel- oder Maisstärke, mit der die Innenseite der Verpackung besprüht wurde. Stärkestaub auf der Innenseite der Leberwursthülle sorgt dafür, dass sie sich problemlos aus der Verpackung pressen lässt.

Trennmittelstäube finden sich auch außerhalb der Küche. Talkumpuder ermöglicht verschleißfreies Gleiten eines Fahrradreifenschlauchs im walkenden Reifenmantel. Talkum lässt auch Latexhandschuhe gut auf die nie ganz trockene Haut gleiten. Roter Ziegel- oder Mineralstaub limitiert die Bodenhaftung der Schuhe im Tennismatch auf ein gelenkschonendes Maß.

Bei Trennstäuben in Lebensmitteln, Fahrradreifen oder auf dem Tennisplatz ist die Körnung diffus. Andere Trennmittelstäube müssen Körner mit einheitlichem Durchmesser aufweisen. »Nur mit einer extrem gleichmäßigen Pudersortierung kann zum Beispiel bei Papierbögen eine effektive Trennwirkung gewährleistet werden«, erklärt Experte Grob. Aus einer Druckmaschine rauschen bis zu fünf Bögen pro Sekunde. So schnell kann keine Farbe trocknen, wenn die Bögen automatisch aufeinandergestapelt werden. Damit die Farbe sich nicht auf das darüber liegende Papier überträgt, werden die Bögen bestäubt. Auch die Herstellung der Seiten dieses Buchs wäre ohne Trennmittelstaub nicht möglich.

Für Windschutzscheiben sind Trennmittelstäube ebenfalls unverzichtbar. Dieses Fahrzeugglas ist Verbundsicherheitsglas, das aus zwei Glasscheiben besteht. Sie müssen in einem Arbeitsgang zusammengefügt und dabei gebogen werden. Nur so ist sichergestellt, dass beide exakt den gleichen Biegeradius aufweisen und optische Fehler vermieden werden. Zunächst wird zwischen die Glasscheiben Trennmittelpuder aus temperaturstabilem Calciumcarbonat (Kalkstein) gestreut. Dann legt man die Glasscheiben aufeinander. In einem Ofen werden sie bei 600 bis 650 Grad Celsius erhitzt. Dadurch wird das Glas weich und kann gebogen werden. Anschließend lässt man das Glas erkalten.

Hätte man keinen Puder aufgebracht, könnte man die Scheiben jetzt nicht mehr voneinander trennen. Das aber ist notwendig, um eine Folie dazwischenzuschieben. Sie ist hitzeempfindlich, kann daher nicht früher eingebracht werden, ist aber wichtig. Sie erst sorgt dafür, dass sich bei einem Unfall die Glasscherben der Windschutzscheibe nicht in gefährliche Geschosse verwandeln. Trennpuder raus, Folie rein – fertig ist das Sicherheitsglas.

STAUBRÄTSEL (GELÜFTET)

Warum kann Staub explodieren?

In einigen ganz bestimmten Fällen birgt Industriestaub auch Risiken. Einer der ersten aufgezeichneten Berichte über eine Staubexplosion stammt aus dem Jahr 1795 von Graf Morozzo, der dieses Unglück in einem Mehlspeicher in Turin detailliert folgendermaßen beschrieb: »Der Junge, der in der unteren Kammer damit beschäftigt war, Mehl zu sammeln, um den Bolter unten zu versorgen, grub an den Seiten der Öffnung, um das Mehl aus der oberen Kammer in die, in der er sich befand, fallen zu lassen; und als er ziemlich tief grub, fiel plötzlich eine große Menge herunter, gefolgt von einer dicken Wolke, die sofort Feuer fing, von der Lampe, die an der Wand hing, und die heftige Explosion verursachte, von der hier die Rede ist.«

Bäcker ließen nicht davon ab, Mehlstaub in die Luft zu werfen, um Fliegen oder Schaben aus der Backstube zu vertreiben. Mit einer kleinen Flamme entzündete man die Mehlstaubwolke. Ein Knall, und man war die lästigen Biester los. Weil immer wieder Kornmühlen in die Luft flogen, wurden sie aus den Innenstädten verbannt.

Ein Getreidekorn explodiert selbst dann nicht, wenn man es anzündet. Bei einer Handvoll Mehlstaub aber genügt ein Funke, um eine Detonation auszulösen. Denn ab einer bestimmten Kleinheit wird die Oberfläche zur alles beherrschenden Größe. Und chemische Reaktionen spielen sich nun mal in der Regel an der Oberfläche eines Objekts ab.

Nicht nur Mehlstaub ist explosiv – auch Stäube von Tabak, Kunststoffen, Holz, Papier, Zellstoff, Gummi, Pestiziden, Pharmazeutika, Farbstoffen, Kohle und Metallen, wie etwa Aluminium, Chrom, Eisen, Magnesium und Zink. Beim Umgang mit diesen Stoffen ereignet sich in Deutschland jeden Tag eine Staubexplosion, so die Website *chemie&more*. Viele dieser Verpuffungen können rasch gelöscht werden – nicht jedoch zum Beispiel das Feuer am 6. Februar 1979 in der Bremer Rolandsmühle. In einer Kettenreaktion wirbelten zahlreiche Einzelexplosionen immer wieder neuen Mehlstaub auf, der wiederum explodieren konnte. Die verheerende Bilanz: 14 Tote, 17 Verletzte und ein Sachschaden von über 50 Millionen Euro.

Um Staubverpuffungen zu verhindern, müssen moderne Filteranlagen permanent kontrolliert werden. Messgeräte ermitteln die Staubdichte, indem sie die Lichtabschwächung messen, die in die Luft geblasener Staub in einem bestimmten Luftvolumen hervorruft. Dieses Mischungsverhältnis bestimmt die obere und untere Explosionsgrenze. Auch an nicht explosiven Stäuben wird geforscht. Das kanadische Unternehmen Equispheres hat das weltweit erste Metallpulver entwickelt, »das fast völlig staubfrei und nicht explosionsfähig und nicht brennbar ist«.

Heftige chemische Reaktionen auf der Oberfläche winziger Partikel sind aber nützlich. Wir machen im Alltag davon Gebrauch. Wir schütten keine Kaffeebohnen in die Tasse, sondern Kaffeepulver. Auch geben wir kein ganzes Stück Seife in die Waschmaschine, sondern Waschpulver. Erst dann entsteht viel Schaum. Und wir mahlen Pfefferkörner, weil sie dann intensiver würzen.

15.
DER MANN, DER DEN STAUB AUSTRICKSTE

Staub war eines der größten Hindernisse für den Fortschritt, als vor einem halben Jahrhundert immer kleinere elektronische Bauteile entwickelt wurden. Insbesondere für die immer kleineren Komponenten für Nuklearwaffen wurde Staub zu einem immer größeren Problem: Er ließ sich aus den Labors der Sandia National Laboratories in Albuquerque, New Mexico, partout nicht komplett verbannen. Dann, im Jahr 1962, kam Willis Whitfield. Seine Erfindung des Reinraums öffnete das Tor für Technologien wie die moderne Halbleiterproduktion, deren Entwicklung damals noch gar nicht absehbar war.

Die herkömmliche Methode, Labors möglichst staubfrei zu halten, bestand darin, die Staubentwicklung vor Ort zu unterbinden. Rauchen war verboten, Bleistifte, die Graphitpartikel freisetzen, wurden verbannt. Arbeiter trugen Overalls sowie spezielle Stiefel und Hauben. Zudem wurden die Arbeiter vor dem Betreten des Labors abgesaugt. Dies und auch ständiges Staubsaugen und Abwischen der Hightech-Arbeitsplätze konnte aber eines nicht verhindern: Jeder Kubikmeter Laborluft enthielt immer noch mindestens

300 000 Staubpartikel mit einem Durchmesser von 0,3 Mikrometer und größer.

»Ich fragte mich: Wo werden diese kleinen Biester erzeugt?«, erzählte der Physiker Whitfield dem *Time Magazine* in einem Bericht über seine genial einfache Idee: Bevor neue Luft in den Raum geblasen wurde, sollte sie durch einen Filter strömen. Der sollte so effektiv sein, dass der Qualm, den der Raucher einer Zigarette durch ihn hindurchpustete, auf der anderen Seite sauber wieder herauskam. Solche HEPA-Filter (high efficiency particulate air filter) waren in den Vierzigerjahren des 20. Jahrhunderts beim sogenannten Manhattan-Project entwickelt worden. Damals bestand die Aufgabe darin, die radioaktiven Partikel, die bei den ersten Versuchen zur Herstellung einer Atombombe entstanden waren, aus der Raumluft herauszufiltern.

Die gefilterte Luft ließ Whitfield als sehr schwache Brise über die Werkbank und an den daran arbeitenden Personen vorbeiströmen. So wurden Kleidungsflusen, Bleistiftstaub und andere Partikel von der sauberen Luft weggetragen. Kein Staubkorn hatte eine Chance, sich abzusetzen. Die Luft wurde durch den Gitterboden ins Freie abgeleitet. Alle sechs Sekunden wurde die Raumluft komplett gewechselt. Der erste Reinraum der Welt war erfunden.

Niemand hatte erwartet, dass so eine einfache Idee so gut funktionieren würde. Als Whitfield seinen Reinraum publik machte, »sagten die Leute, er sei ein Betrüger«, erinnert sich Direktor Gilbert V. Herrera in der *New York Times*. »Aber es stellte sich heraus, dass er recht hatte.«

Viele Unternehmen übernahmen jetzt das Prinzip von Whitfield für ihre Reinräume. Und schon 1963 wurde eine verbindliche Norm für die Luftqualität festgelegt, die in Räumen herrschen musste, ehe sie als Reinräume gelten. Die vom US-Physiker Alvin Lieberman erfundene elektronische Partikelmessung schuf das physikalisch-mathematische Gerüst dafür. Pro Kubikmeter Luft dürfen heute in der Reinraumklasse ISO 5 maximal 3500 Staubteilchen schweben, die hundertmal dünner als ein Haar sind. Zum Vergleich: Ein Wohnzimmer enthält bis zu 35 Millionen Partikel pro Kubikmeter.

Bald entwickelte sich eine Industrie für die Reinraumspezialbekleidung. Menschen, die in einem Reinraum arbeiten, sind meist von Kopf bis Fuß in spezielle Schutzkleidung gehüllt und tragen Atemmasken, damit sie die Umgebung nicht verschmutzen. Essen, Trinken und Rauchen sind strengstens verboten. Selbst schnelle Bewegungen sind verpönt, damit keine Luftturbulenzen entstehen. Im Laufe der Jahre kamen weitere Dienstleistungszweige hinzu, wie Reinraumwäschereien, Hersteller von Reinigungstüchern oder Reinhaltungsdienstleister.

Ob Computerchip-Labors, Rechenzentren, Serverfarmen, Operationssäle oder Biolaboratorien: Prinzipiell funktionieren Reinräume bis heute nach dem Whitfield-Prinzip. Permanent strömt gefilterte Luft in den Raum. Das Luftvolumen wird alle paar Minuten komplett erneuert. In Chip-Fabriken zum Beispiel darf sich in zehn Litern Raumluft höchstens ein Staubteilchen befinden.

Handikap: Der Betrieb verschlingt viel Energie. Dies gilt es auch zu beachten, wenn man in seiner Wohnung die Staubmenge mit einem Luftfilter reduzieren will. Er reinigt pro Stunde bis zu 1000 Kubikmeter Luft – aber nicht umsonst. Bei acht Stunden täglichem Betrieb auf höchster Stufe bewegen sich die Energiekosten je nach Modell zwischen 22 und 60 Euro jährlich, hat die Stiftung Warentest ausgerechnet. Hinzu kommen Ausgaben für Ersatzfilter, was die Betriebskosten auf bis zu 220 Euro pro Jahr hochschraubt.

Keine Stromkosten fallen beim Lowtech-Luftfilter an. Er arbeitet mit Moos, das 40 Prozent des Staubs aus der Luft entfernen soll.

Sensoren messen kontinuierlich die Luftqualität sowie den Wasserstand des Mooses. Ein Mikroprozessor reguliert automatisch die Bewässerung des Biofilters.

Für welche Art von Luftfilter man sich auch immer entscheidet: Selbst in einer blitzsauberen Wohnung bleibt eine Hintergrundbelastung vom Staub, der von außen in die Wohnung dringt. Mit »Hausmitteln« zumindest ist der Kampf gegen den Staub nicht zu gewinnen.

STAUBRÄTSEL (GELÜFTET)

Warum staubt, wer »mit dem Klammerbeutel gepudert« ist?

Die Redensart »mit dem Klammerbeutel gepudert« geht auf eine Zeit zurück, als es in Mühlen noch Mehlkästen gab. Darin hing ein Beutel, durch den das fein gemahlene Korn durchgerüttelt wurde. Es fiel wie durch ein Sieb in den Kasten. Öffnete ein Müller dummerweise den Mehlkasten während des Mahlvorgangs, staubte es gewaltig, und man war buchstäblich mit dem Klammerbeutel gepudert.

16.
EIN STAUBKORN – BLICK IN DEN KOSMOS

Wer Mike Zolensky besuchen will, braucht einen weißen Schutzanzug, eine OP-Mütze, Maske, Füßlinge und Latexhandschuhe. Kein Staubkörnchen soll das kostbare Gut des Mineralogen verunreinigen, das er im Cleanroom des Johnson Space Center der NASA in Houston präsentiert. Er ist zehnmal so staubfrei wie ein OP-Raum im Krankenhaus.

Ich bin als Stipendiat des World Press Institute (WPI) in den USA. Zusammen mit einer kleinen Schar Wissenschaftlern verfolge ich – abgeschirmt durch eine Glasscheibe – ein Weltereignis. Zum ersten Mal wird Staub inspiziert, der einem Kometen während dessen Flug durchs All entnommen wurde. Vorsichtig öffnet Zolensky eine handtellergroße Aluminiumbox. Darin ein rechteckiges, knapp fünf Zentimeter großes, milchiges Material. Darauf sind mit einer Geschwindigkeit von 15 Kilometer pro Sekunde teils nur zwei Tausendstel Zentimeter große Kometenkörnchen geprallt, die mikroskopisch kleine Spuren hinterlassen haben. Manche ähneln Nadelstichen, andere einem Wurzelgeflecht, wieder andere gleichen Löchern durch winzige Kugeln. »Das sind Einschläge vom Kometen«, ruft Zolensky begeistert. Die Zuschauer brechen in Jubelschreie aus und klatschen. »Großartig!«, ruft Donald Brownlee, Chefwissenschaftler der Mission. »Das ist mehr, als wir uns erhofft haben.«

Zwei Tage vor diesem Event am 17. Januar 2006 ging die Rückkehrkapsel der Stardust-Sonde mit wenigen Tausendstelgramm Kometenstaub im Gepäck an einem Fallschirm hängend auf einem abgelegenen Testgebiet der U.S. Air Force in Utah nieder – nach einer 4,6 Milliarden Kilometer langen Dienstreise. Begonnen hat sie am sonnigen Sonntag des 7. Februar 1999. Eine Delta-II-Rakete trug die 46-Kilo-Kapsel als Nutzlast hinaus aus dem Schwerefeld der Erde.

Während ihrer Sonnenpassagen sammelte die Sonde 195 Tage lang solare Teilchen. Höhepunkt der Reise war der 2. Januar 2004. Im Vorbeiflug knabberte die Sonde am Schweif des Kometen Wild 2. Das schreibt sich so leicht hin – in Wahrheit war es ein Kunststück, das seinesgleichen sucht. Mit einer Umkreisung der Erde hatte Stardust dank der Gravitation noch einmal ordentlich Schwung geholt. Doch noch immer war sie viel langsamer als der Komet, der zehnmal so schnell wie eine Pistolenkugel durchs All raste. Die ganze Mission entschied sich bei dieser Aufgabe: die Sonde durch den Kometenschweif zu steuern und Staub einzusammeln, ohne dass dabei die rasend schnellen Partikel beim Aufprall zerstört werden – und die Sonde womöglich gleich mit.

Es gelang mit dem teuersten Staubsauger der Welt, der wichtigsten Technologie der Mission: Aerogel. Dieser Stoff ist so leicht, dass eine Platte von der Größe eines durchschnittlichen Menschen weniger als ein Pfund wiegen würde. Gleichzeitig ist das Material so flexibel, dass Partikel unbeschädigt bleiben, selbst wenn sie mit der vielfachen Geschwindigkeit einer Gewehrkugel einprasseln.

Von den Proben erwarten sich die Forscher einen ungetrübten Blick in die Kinderstube unserer Galaxis. Denn Kometen enthalten weitgehend unverfälscht gebliebene Grundbausteine unseres Sonnensystems. Doch diese Himmelskörper sind in unerreichbar fernen Regionen beheimatet: dem Kuipergürtel jenseits von Plutos ferner Umlaufbahn. Das ist etwa ein Drittel der Entfernung vom über vier Lichtjahre entfernten nächsten Nachbarstern Proxima Centauri.

Zuweilen aber gelangen sie in halbwegs greifbare Nähe, was sie zu einer Art Pizzaboten des Sonnensystems macht. Wild 2 lieferte besonders frische Ware: Er ist erst 1974 vom Jupiter ins innere Sonnensystem hineingeschleudert worden, so dass er uns seitdem regelmäßig besuchen kommt.

Bislang ging die Astrophysik davon aus, dass sich die Botschafter aus der Pränatalphase unseres Sonnensystems vor rund 4,5 Milliarden Jahren in den kalten äußeren Bereichen des Sonnensystems gebildet haben. Seither seien sie quasi auf Eis gelegt worden, was ihnen die Bezeichnung »schmutzige Schneebälle« einbrachte – ein Begriff, den 1950 der US-Astronom Fred Whipple prägte.

Doch als Zolensky die Partikel von Wild 2 unter dem Mikroskop analysierte, entpuppten sie sich keineswegs als Reste einer Eiskugel. Die Proben sind tiefschwarz und scheinen von der äußeren Schale von Kometen zu stammen, die durch Hitze verkohlt wurde. Auf Hitze deutet auch die Form mancher Teilchen hin. Sie sehen aus wie explodiertes Popcorn.

Um den chemischen Aufbau der eingeschlossenen Minerale zu entschlüsseln, wurden Proben an 180 Experten weltweit verschickt. Mit dem Ergebnis hatte niemand gerecht: Viele Einschlüsse stammen aus dem heißen Zentrum unseres Sonnensystems. »Das ist so überraschend, wie einen Stein aus Neuseeland in seinem Vorgarten zu finden«, kommentierte Forschungsleiter Don Brownlee. »Der Befund passt überhaupt nicht zu der bisherigen Vorstellung, dass der Geburtsort von Kometen am kalten Rand unseres Sonnensystems gelegen hat.«

2017 schrieb der inzwischen verstorbene Astronom Michael A'Hearn in *Science*: »Bis zu einem Zehntel der Mineralien aus dem Kometenstaub sind bei der Entstehung des Himmelskörpers mehr als 1700 Grad Celsius heiß gewesen.« Gleich sieben Wissenschaftler veröffentlichten zustimmende Beiträge im Band 314 des renommierten Fachmagazins, dessen Titelblatt ein hellblau leuchtender Aerogel-Würfel schmückt. »Die Ergebnisse der Stardust-Mission zeigen eindeutig, dass eine noch umfangreichere und frühere Vermischung des Materials stattgefunden hat, was neue Herausforderungen für die Theorie über die Entstehung von Kometen mit sich bringt«, so der Planetenforscher von der University of Maryland. »Es könnte bedeuten, dass die hitzegeschmiedeten Körner tief ins Sonnensystem geschleudert wurden, wo sie mit Eis und kühlem Staub zu Kometen verschmolzen.«

Rosetta, Philae und Tschuri

Die Erkenntnisse warfen so viele neue Fragen auf, dass die Sehnsucht der Forscher nach weiterem Kometenstaub wuchs. Es folgte »ein kleiner Crash für eine Sonde, aber ein großer für die Menschheit«, wie die *Süddeutsche Zeitung* frotzelte. Auf einem zehnjährigen, genau vorausberechneten 6,4 Milliarden Kilometer langen Weg war die Raumsonde Rosetta weit über das innere Sonnensystem gelotst worden. Plangemäß warf sie am 12. November 2014 um 16.34 Uhr eine kühlschrankgroße Fähre namens Philae auf dem

Kometen Tschurjumow-Gerassimenko (Spitzname »Tschuri«) ab. Der Touchdown im knöcheltiefen Staub war ein spektakuläres Ereignis – zuerst weltweit bejubelt, dann bejammert. Statt viele Monate lang Tschuri zu inspizieren, war nach drei Tagen Schluss, die Batterien waren leer.

Die Forscher hatten Glück im Unglück. Philae konnte immer noch weitaus mehr messen als befürchtet. Als Hauptbestandteile der chemischen Zusammensetzung des Kometen analysierte das Mini-Labor der Fähre: geruchlosen Wasserdampf, Kohlendioxid und Kohlenmonoxid. Und es gab auch Spuren von übelriechenden Substanzen wie Ammoniak (denken Sie an starken Uringeruch oder Nagellackentferner), Schwefeldioxid (wie brennende Streichhölzer), Blausäure (Mandelextrakt) und Schwefelwasserstoff (faule Eier).

An einem Kometen riechen – sollte daran nicht eine breite Öffentlichkeit interessiert sein? Das fragte sich Rosetta-Forscher Colin Snodgrass und beauftragte das Unternehmen The Aroma Company, die Substanzen für ein Parfum nachzubauen. Es sollte in Geruchsproben eingebracht werden, wie man sie auf Werbeseiten in Illustrierten eingeklebt findet. Die Kometen-Ingredienzien wurden in Werbepostkarten eingearbeitet und an Sponsoren versandt. Über den Erfolg schweigt sich der Göttinger Max-Planck-Wissenschaftler aus.

Ernsthafter ging Kathrin Altwegg, Leiterin der Massenspektrometeranalyse von Tschuri ans Werk. Sie stieß auf Glycin, eine der Aminosäuren, aus denen die Proteine aller Lebewesen bestehen. »Bevor Glycin im Kometen konserviert wurde, dürfte es auf Staubkörnern in den Molekülwolken im interstellaren Raum entstanden sein«, meint die inzwischen pensionierte Forscherin. »Das bedeutet, dass Glycin universell ist: Das gibt es überall.«

Dies gilt als Beleg dafür, dass Kometen und Meteoriten, die mit der jungen Erde kollidierten, Zutaten für die ersten Zellen auf der Erde geliefert haben. Dafür sprechen auch Funde von Meteoritenteilen, in denen organische Moleküle nachgewiesen wurden. Nachdem von den fünf Basen, die zur Bildung von DNA nötig sind, in Meteoriten das Dreigespann Adenin, Guanin und Uracil entdeckt worden war, gelang es im April 2022, auch die beiden noch fehlenden Gen-Glieder aufzuspüren: Cytosin und Thymin. Ein Team um Yasuhiro Oba von der Universität Hokkaido fand sie in Bruchstücken von drei Meteoriten, die auf die Erde niedergegangen waren.

Meteoriten, die heute Forscher in Verzückung versetzen, galten früher als Vorboten von Revolutionen und Epidemien. Nur wenige Menschen fanden an Kometenstaub, der am Himmel aufleuchtet, so viel Gefallen, wie der italienische Astronom Giovanni Schiaparelli (1835–1910). Der Direktor der Sternwarte in Mailand studierte aufmerksam die jährlich auftretenden Schauer der Perseiden. Sie heißen zwar so, weil sie ihren Ausgangspunkt (Radiant) scheinbar im Sternbild Perseus haben – benannt nach jenem griechischen Helden, der die Medusa erschlug. In Wahrheit haben die Perseiden mit dem Sternbild nichts zu tun. Die Sternschnuppen sind Staubteilchen aus dem Schweif des Kometen 109P/Swift-Tuttle, benannt nach den Entdeckern Lewis A. Swift und Horace P. Tuttle im Jahr 1862.

Schiaparelli rechnete aus, dass die Erde 1866 erneut die Staubbahn von Swift-Tuttle kreuzen würde. Er rief seine Mitbürger auf, sich das Spektakel nicht entgehen zu lassen. Doch am errechneten Tag blieb die Show aus. Schiaparelli hatte zwar prinzipiell richtig gerechnet, aber den Einfluss des Jupiters nicht mit ins Kalkül gezogen. Aufgrund seiner gewaltigen Masse zieht er Kometen an. Wir können dem Jupiter dankbar dafür sein, dass er durch seine

Position und Schwerkraft immer wieder Kometen und Asteroiden aus ihrer Bahn wirft und aus dem Sonnensystem hinausschleudert. Ohne diesen Einfluss würden kosmische Flugkörper ziemlich häufig auf der Erde einschlagen.

Würde das mit Swift-Tuttle passieren, wäre es wohl unser Ende. Mit einem Durchmesser von 26 Kilometern ist der Komet deutlich größer als jener Asteroid, der einst zum Aussterben der Dinosaurier beigetragen hat. Noch bewegt sich Swift-Tuttle stabil auf einer ellipsenförmigen, 113 Jahre dauernden Umlaufbahn um die Sonne. Je näher er ihr kommt, desto stärker verdampft der Kometenkern aus Wassereis, gefrorenen Gasen und Gestein. Die äußersten, der Sonne zugewandten Schichten erhitzen sich auf bis zu 2000 Grad. Die frei gewordenen Gase und Staubteilchen begleiten den Kometen als eindrucksvoller Schweif. Ihn lässt er auf seinem Flug nicht hinter sich, wie zum Beispiel ein Flugzeug seinen Kondensstreifen. Statt die Flugbahn anzuzeigen, richtet sich bei Kometen der Schweif im Sonnenwind aus und zeigt so immer von der Sonne weg.

Singende Sterne und Leuchtende Nachtwolken

Bis zu 50 Tonnen Schmutzpartikel gehen pro Sekunde verloren. Wenn besonders große Körner auf die Atmosphäre niederprasseln, erstrahlen sie teils heller als der Vollmond. Solche Feuerbälle wollen Himmelsgucker nicht nur gesehen, sondern auch gehört haben. Geschichten aus dem Reich der Phantasie? Vom »Gesang der Sterne« berichteten schon Chronisten der Sumerer und Chinesen. Über deren Reich der Mitte zog im Jahr 817 n. Chr. ein angeblich hörbarer Meteoritenschauer hinweg. Aber auch in der Neuzeit wollen die Gerüchte über diesen Himmelssound nicht verstummen.

Per Internet organisiert ein japanischer Amateur sogar ein weltweites Netz, um den Schauer von Perseiden abzuhorchen.

Alles Spinner, weil sie unisono behaupten, das Geräusch sei exakt in dem Moment zu hören, in dem auch die Lichterscheinung zu sehen ist? Dies ist eigentlich unmöglich, schließlich braucht der Schall 29 Sekunden, um aus rund zehn Kilometer Höhe zum Beobachter zu gelangen. Das Bild aber trifft mit Lichtgeschwindigkeit ein.

Als nach der Sichtung eines Sternschnuppenschwarms gleich Dutzende Bewohner von New South Wales von brutzelnden und zischenden Geräuschen berichteten, nahm sich Colin Keay der Sache an. Der Physiker an der Universität Newcastle stellte Versuche an und verortete das Phänomen in den Bereich der »Elektrophonie«. Man nehme »elektrophone Meteor-Geräusche« wahr, so der Physiker. Ein kompliziertes Wechselspiel zwischen superheißen Staubteilchen nahe dem Meteor erzeuge niedrigfrequente Radiowellen. Diese wiederum brächten Materialien in der Umgebung des Beobachters zum Vibrieren, was man hören könne.

Rätselhaft blieb lange auch ein sonderbares Licht, für das Staub und Asche verantwortlich gemacht wurden. Feine, weiß schimmernde Wolken bildeten in Sommernächten silbrige Schleier, Wellen und Muster. Zu den ersten Beobachtern zählte der Berliner Astronom Otto Jesse. Er prägte auch den Namen, unter dem das Phänomen bis heute bekannt ist: »Leuchtende Nachtwolken«. Jesse und auch seine Kollegen machten für das Phänomen den mächtigen Ausbruch des Vulkans Krakatau in der Sundastraße im Jahr 1883 verantwortlich. Dadurch seien große Mengen Staub, Asche und Wasserdampf in die Atmosphäre gelangt, was die Wolkenbildung angeregt hätte. Doch auch ohne Vulkanausbrüche blieben die seltsamen Wolken bestehen.

Astronomen standen vor einem Rätsel, umso mehr, als sie die Höhe der nächtlichen Erscheinungen berechneten. Sie finden sich mehr als 80 Kilometer über dem Erdboden – in der Mesosphäre, der Grenzschicht der Erdatmosphäre. Das ist rund achtmal höher als die Troposphäre, in der sich Wolken normalerweise aufhalten.

Dass so weit oben Wolken entstehen, konnten sich die Astronomen nicht erklären. Wolken müssen staubig sein; sie müssen durch Partikel »geimpft« werden, an denen der Wasserdampf kondensiert. Staub und Asche aber können von der Erde aus normalerweise nicht bis in die Mesosphäre aufsteigen. Wenn es dort aber keine Staubpartikel gibt – wie können sich dann Leuchtende Nachtwolken bilden?

Erst der NASA-Satellit »Aeronomy of Ice in the Mesosphere« (kurz AIM, Aeronomie des Eises in der Mesosphäre) konnte das Geheimnis der Wolken klären. Nicht irdischer Staub oder Vulkanasche bilden die »Kondensationskeime« für »noctilucent clouds« (NLC). Vielmehr sind Stäube von Meteoriten verantwortlich, winzige Partikel, die beim Eintritt in die Atmosphäre verglühen. Sie werden zu Eiskristallen, deren reflektiertes Licht wir in der Dämmerung sehen – vorausgesetzt die Sonne steht nach ihrem Untergang nicht tiefer als sechs bis zwölf Grad unter dem Horizont, was die Sichtbarkeit dieser Wolken auf den Sommer beschränkt.

Eis kann sich in der Mesosphäre bilden, weil dies mit bis zu minus 140 Grad Celsius der kälteste Ort auf der Erde ist. Paradoxerweise treten die niedrigsten Temperaturen im Sommer auf. Wenn sich die Polarregionen im Sommer aufheizen, beginnt die relativ warme, feuchte Luft aufzusteigen. Steigt sie auf, dehnt sie sich schnell aus. Wenn sie sich aber ausdehnt, dann kühlt sie auch ab. Es ist – entgegen unserer Intuition – die Erwärmung der Luft in der unteren Atmosphäre, die jene kalten Temperaturen erzeugt, die es in der oberen Atmosphäre braucht. Wenn dort Wasserdampf auf

Teilchen trifft, kondensieren sie und bilden Eiskristalle. Sie stoßen aneinander, wachsen und bilden Kristallklumpen.

Am deutlichsten sieht man das von den Eiskristallen reflektierte Licht im Juni und im Juli, bei fortgeschrittener Dämmerung, nach 22 Uhr. Zur Sommersonnenwende am 20. oder 21. Juni können in Bayern die ganze Nacht lang Leuchtende Nachtwolken entstehen, da die Sonne dann kaum einmal tiefer als 16 Grad unter den Horizont sinkt. Je nachdem, wie tief die Sonne unter dem Horizont steht, erscheinen die Leuchtenden Nachtwolken gelblich, silbrigweiß oder gar bläulich, weil die kleinen Eispartikel die kürzeren Wellenlängen des Lichts (blau) stärker streuen als die längeren Wellenlängen (rot).

Warum sind die Wolken tagsüber unsichtbar? »Die optische Tiefe der NLCs ist hundertmal geringer als die normaler Wolken«, erklärt James Russell III, Leiter der AIM-Satellitenmission. Tagsüber können sie nur mit LIDAR (Laserradar) oder empfindlichen Satellitensensoren entdeckt werden.

Viele Forscher halten NLCs für »Kanarienvögel des globalen Wandels«. Ähnlich wie ein Kanarienvogel die Ansammlung gefährlicher Gase in einem Bergwerk frühzeitig erkennt, weisen die Leuchtenden Nachtwolken auf atmosphärische Veränderungen hin. Man sieht sie mittlerweile deutlich häufiger als noch vor wenigen Jahren. Dies könnte eine Folge des Klimawandels sein und mit den stetig steigenden Emissionen des Treibhausgases Methan in Verbindung stehen. Es sorgt dafür, dass der Wassergehalt der Stratosphäre steigt – und damit auch mehr Wasser die Mesosphäre erreichen kann. Dort bildet sich dann mehr und öfter Eis, das von der Sonne angestrahlt wird.

Staub eröffnet nicht nur einen Blick in unsere kosmische Vergangenheit, sondern erweist sich auch als Menetekel unserer Zukunft.

STAUBRÄTSEL (GELÜFTET)

Warum klebt Staub fest?

Buntstiftfarbe haftet am Papier, Kreide an der Schultafel, Babypuder auf dem Po, Schminke auf der Haut – dank Anziehungskräften zwischen den Teilchen verschiedener Körper (»Adhäsion«). Wenn man den Filter eines Staubsaugers entleert, kann man feststellen, dass sich dort viele Feinstpartikel angesammelt haben, viele davon sogar kleiner als die Maschenweite des Staubsaugerfilters. Die Ursache dafür, dass Feinstpartikel den Filter nicht passiert haben, liegt an sogenannten interpartikulären Haftkräften.

Je kleiner die Partikel sind, umso wirksamer sind diese elektrostatischen Kräfte und »Van-der-Waals-Kräfte«, benannt nach ihrem Entdecker, dem niederländischen Physik-Nobelpreisträger Diderik van der Waals (1837–1923). Van-der-Waals-Kräfte werden auch zwischenmolekulare Kraft genannt, weil es dabei um die Wechselwirkung zwischen Atomen oder Molekülen geht.

Diese Anziehung ist eine der beiden Kräfte, die dafür sorgen, dass Geckos glatte Wände hochlaufen können, ohne herunterzufallen. Die zweite Kraft ist die Kapillarkraft, die zwischen hydrophilen (wasseranziehenden) Materialien in feuchter Umgebung wirkt.

Für die elektrostatische Haftwirkung lädt sich ein Material durch Reibung an einem anderen Material negativ elektrisch auf. Im Fall des Geckos sind die Materialien die Myriaden feiner Härchen am Geckofuß.

Wenn der Gecko seine Sohle auf einen neutral geladenen Untergrund setzt, trennen sich die Ladungen darin, und die positiven zeigen nach außen – zum Gecko. Die negativen Ladungen in seinen Füßen und die positiven im Untergrund ziehen sich an, und das Tier läuft scheinbar völlig unbeeindruckt von der Schwerelosigkeit an der Wand oder der Zimmerdecke entlang.

Dabei tragen die Millionen von Gecko-Härchen das 50-Fache des Körpergewichts des Reptils. Zum Vergleich: Eine mit Geckohärchen bestückte Briefmarke würde demnach ausreichen, um einen Ziegelstein zu tragen.

Um sich von der Oberfläche zu lösen, müssen Geckos den Winkel ihrer Hafthaare nur minimal verändern. Dann schaltet sich die Haftkraft wieder aus, und das Tier kann die Füße federleicht nach vorne setzen.

Nach dem Gecko-Prinzip versuchen Forscher neue Klebstoffe herzustellen. Ein komplett neuer Gecko-Ansatz in der Robotik ist bereits Wirklichkeit: Auf den vier Haftflächen eines Greifers befinden sich Mikrostrukturen aus Millionen mikroskopisch kleiner Härchen, die bei Kontakt mit einer glatten Oberfläche die Van-der-Waals-Kräfte erzeugen. Dabei entsteht durch Adhäsionsdruck eine neue Art des Greifens – oder vielmehr Haftens, welche die Handhabung von flachen, insbesondere glatten Gegenständen mit beliebigen Oberflächenformen ermöglicht. Durch ein sachtes Kippen der Flächen wird der Greifvorgang wieder gelöst.

Mit dem Vorbild der Gecko-Härchen hat Hadi Izadi von der Yale-Universität auch ein Staubproblem gelöst: Selbst mit Laser nämlich ist es schier unmöglich, winzige Staubkörnchen von Gemälden zu entfernen, ohne Gefahr zu laufen, die

Kunstwerke zu beschädigen. Nun entwickelte der Forscher eine Folie mit vielen winzigen Härchen. Klopft man damit sanft gegen ein Gemälde, wird der Staub gefahrlos angezogen.

17.
DIE JÄGER DES STERNENSTAUBS

Am 16. Februar 2015 wird Matthew Genge beim Frühstückskaffee gestört. Vor dem Forscher am Londoner Imperial College steht ein groß gewachsener Mann, nordischer Typ. Er möchte dem Wissenschaftler Fotos von winzigen Körnchen zeigen. Der Besucher ist davon überzeugt, dass es sich um Mikrometeoriten handelt.

Immer mal wieder kommen Amateurforscher zu Matthew Genge, der weltweit als Koryphäe für Mikrometeoriten gilt. Mal präsentieren sie ihm körnige Schwarzweißfotos von Partikeln, mal bringen sie Teilchen mit, von denen sie glauben, es handle sich um kosmischen Staub. Jedes Mal aber stellen sich die Funde als Industriestaub heraus.

Die Fotos von Jon Larsen zeigen grünlich schimmerndes Olivin. Das Silikatmineral kommt auf der Erde nahezu überall vor: Der Großteil des Erdmantels besteht aus Olivin, es verleiht dem Halbedelstein Peridot ebenso seine grünliche Farbe wie den grünlich schimmernden Stränden Hawaiis. Doch auf dem Foto ist eindeutig die Olivinvariante Forsterit zu sehen. NASA-Sonden haben Forsterit in Kristallform in den wirbelnden Gas- und Staubwolken nachgewiesen, die die Grundlage für die Planetenentstehung um junge Sterne bilden.

»Das ist ein Mikrometeorit. Wo haben Sie ihn gefunden?«, fragt der Forscher verdutzt. Die Antwort des Besuchers aus Schweden läutet eine neue Ära der Suche nach Weltraumstaub ein – und stellt eine Lehrmeinung auf den Kopf!

Bis zu diesem Tag ging die Forscherzunft davon aus, dass die Suche nach Mikrometeoriten nur in der staubfreien Antarktis, in abgelegenen Wüsten oder in den tiefen Ozeanen lohnenswert sei. Nur dort könne man Teilchen finden, die von irdischen Einflüssen nicht derart verunreinigt wurden, so dass eine Herkunftsanalyse überhaupt möglich sei.

Larsen aber hatte seine kosmischen Partikel an einem sonnigen Julitag 2009 entdeckt, als er im Garten seines Feriendomizils im südnorwegischen Brevik frühstückte. »Plötzlich lag auf dem Tischtuch etwas Mineralisches. Es blinkte im Sonnenlicht«, erinnert sich der Norweger beim Videocall. »Es war irgendwie kantig, aber so klein – ein winziger Punkt. Ich fragte mich, was es war, ob es vielleicht extraterrestrisch sein könnte.«

Larsen ist im Hauptberuf Jazzgitarrist, doch seit seiner Jugend sammelt er als Amateurgeologe Mineralien. So erklärt sich, dass er diesem Partikel Aufmerksamkeit schenkte. Nun war er von dem Wunsch beseelt, weitere Exemplare aufzuspüren, die womöglich aus dem Kosmos auf der Erde gelandet waren. »Anfangs tapste ich völlig im Dunkeln«, räumt Larsen ein. »Damals waren die Informationen im Internet über Teilchen aus dem All ziemlich vage. Und spezielle Forschung zu Funden von Mikrometeoriten in städtischen Gebieten gab es sowieso nicht.« Mühsam recherchiert er, an welchen Merkmalen kosmischer Staub zu erkennen ist. Als er herausfindet, dass Sternenstaub fast immer magnetisch ist, nimmt er auf seine Suche einen Magneten mit. Er steigt auf Flachdächer und kehrt Schmutz zusammen, ebenso in Hinterhöfen, auf Parkplätzen und Verkehrsinseln, wo er von der Polizei schon mal verjagt wird. Er stochert in Regenrinnen und gräbt Schneehaufen um. Inzwischen weiß er, wie man frische Meteoriten erkennt: mattschwarze Schmelzkruste außen, an Bruchstellen oft hellgrau und wegen der hohen Dichte schwerer als gewöhnliche Steine derselben Größe. Noch vor Ort siebt er die Ausbeute und sortiert Partikel nach ihrer Größe. Mikrometeoriten sind typischerweise einige Hundert Mikrometer bis zu einigen Millimetern groß. Im nächsten Schritt umwickelt er den starken Magneten mit einer Plastiktüte und zieht eisenhaltige Körnchen heraus. Zu Hause inspiziert er die Fundstücke mit seinem Mikroskop unter hundertfacher Vergrößerung. »Ist ein Mikrometeorit an der Oberfläche mit Glas überzogen, ist dies ein Hinweis darauf, dass er erst wenige Tage oder Wochen auf der Erde war, bevor ich ihn gefunden habe. Glas korrodiert nämlich sehr schnell«, erklärt Larsen. »Die Partikel rasen etwa fünfzigmal so schnell wie eine Pistolenkugel durch die Atmosphäre, wobei die schwereren Elemente nach innen gedrückt werden und den typischen metallenen Kern bilden.«

Mikroskopische Juwelen

Larsen beschriftet jede Probe und vermerkt Besonderheiten der Fundstelle. Lag der Staub neben einer vielbefahrenen Großstadtstraße? In einem abgelegenen Dorf? Stammt er von einem Strand oder aus den Bergen?

2011 macht er Bekanntschaft mit Jan Braly Kihle. Der Geologe am Institutt for energiteknikk in Oslo lässt sich von Larsons Jagdfieber anstecken und konstruiert eine spezielle Apparatur zum

Fotografieren der Winzlinge. Die Mikroaufnahmen zeigen die Staubkörner 3000-fach vergrößert und in Farbe – ganz anders als die krisseligen Abbildungen in wissenschaftlichen Publikationen. »Mikrometeoriten sehen manchmal aus wie moderne Autos, die in Windkanälen entworfen wurden«, schwärmt Larsen und hält Fotos in die Webcam, so dass ich sie sehen kann. »Sie können glänzende Perlen auf der Oberfläche haben, sind einfach sehr schön.«

1500 Fotos präsentiert er in seinem Buch *In Search of Stardust: Amazing Micro-Meteorites and Their Terrestrial Imposters* (*Die Jagd nach Sternenstaub: Die erstaunlichen Mikro-Meteoriten und ihre irdischen Imitatoren*). Als er 2015 einige davon dem Forscher Genge zeigt und dieser sie an Kollegen weiterreicht, bleiben die Experten skeptisch. Im allerbesten Fall können sie sich vorstellen, dass es mal einen Schauer aus dem Kosmos gegeben haben mag, bei dem Larsen kurz danach ungewöhnlich viele unverschmutzte Partikel gefunden hat. Ein außergewöhnliches Ereignis, mehr nicht. Forscher Genge macht mit Larsen die Probe aufs Exempel. Sie sammeln Schmutz von Dächern in Paris, Oslo und in Berlin. Insgesamt 300 Kilo. Rund 500 verdächtige Körnchen sortieren sie aus. Sie enthalten Magnesium, Silizium und Eisen, oft dazu eine Prise Aluminium, Calcium, Chrom und Mangan. Eine Mischung, die sie im Labor tatsächlich als Mikrometeoriten entlarvt.

Nun attestiert Forscher Genge in einer wissenschaftlichen Veröffentlichung den ursprünglichen Olivinfunden von Larsen: »Diese Partikel sind wahrscheinlich in den letzten sechs Jahren auf die Erde gefallen und repräsentieren somit die jüngsten bisher gesammelten großen Mikrometeoriten.«

Larsen wird in die Riege der wissenschaftlichen Sternenstaub-Detektive aufgenommen und im Sommer 2016 zum Welttreffen der Meteoritical Society nach Berlin eingeladen. Seine

Mikrometeoritenpräsentation wird furios beklatscht. Und natürlich steigt er auch aufs Dach des Kongressgebäudes ...

Die sensationellen Funde eines Amateurs sprechen sich im Netz schnell herum. Facebook-Gruppen, die sich mit dem Thema beschäftigen, schießen wie Pilze aus dem Boden. Weltweit werden Suchaktionen gestartet. »Mikrometeorite – Der kosmische Schatz Berliner Dächer« heißt eines dieser Mitmach-Projekte, organisiert vom Berliner Naturkundemuseum und der Freien Universität. Schätzungen zufolge gehen auf die Hauptstadt Woche für Woche etwa 50 Kilo kosmischen Staubs nieder. 20 ausgewählte Sternenstaubjäger turnen auf Flachdächern herum und kratzen etwa 100 Kilo Staub zusammen. In einem abgedunkelten Hinterzimmer des Museums werden die Partikel unterm Mikroskop inspiziert. Sechs verdächtige Kandidaten werden herausgepickt und sollen mit schärferen Mikroskopen näher untersucht werden.

»Wir möchten Bürgerwissenschaft betreiben«, erläutert Projektleiter Lutz Hecht. »So erhoffen wir uns mehr Verständnis für Wissenschaft und eine höhere Akzeptanz für unsere Forschung.« Außerdem seien die Staubsammler eine große Hilfe, weil schlicht das Personal fürs zeitaufwendige Sammeln und Sortieren fehle.

Dass man auch Glück haben muss, zeigen sechzig Mikrometeoriten, auf die Forscher Genge besonders stolz ist. Diese Botschafter aus dem All verraten, welches Klima vor Milliarden Jahren auf der Erde herrschte.

Entdeckt hat Genge die Partikel in Westaustralien. Vor 2,7 Milliarden Jahren waren sie auf den Kalkstein der Tumbiana-Formation gefallen. Sie zählen zum ältesten Weltraumgestein, das auf der Erde gefunden wurde. »Wir waren sehr überrascht, auf diese Mikrometeoriten zu stoßen«, berichten Genge und sein Kollege Andrew Tomkins von der australischen Monash University dem

Magazin *New Scientist.* »Die größte Überraschung aber war, dass es auch noch Partikel mit Eisenoxideinschlüssen waren.« In diesem Oxid ist die Chemie der frühen Erdatmosphäre eingefroren. »Die Klimawerte von damals hat das Körnchen wie in einer Schatztruhe aufbewahrt«, erklären die Forscher. »Als wir das Schatzkästchen öffneten, waren wir baff. Laboranalysen offenbarten etwas völlig anderes über das urzeitliche Klima auf der Erde, als in den geologischen Lehrbüchern vermittelt wird.«

Ihnen zufolge bestand die urzeitliche Erdatmosphäre vorwiegend aus Stickstoff, Wasserdampf und Kohlendioxid. Sauerstoff war so gut wie nicht vorhanden. Er habe sich erst vor 2,4 Milliarden Jahren gebildet – im Zuge einer riesigen Katastrophe, bekannt als »Great Oxidation Event – Große Sauerstoffkatastrophe«. Die gesteigerte Sauerstoffproduktion brachte die ursprüngliche Erdatmosphäre zum Kippen. Da Sauerstoff für viele anaerobe Organismen giftig war, wurden zahlreiche Bakterienarten verdrängt und ökologische Nischen frei.

Etwas anderes aber enthüllten die Metallstäube der Mikrometeoriten, die jenen Sauerstoff mit sich trugen, welcher sich damals in der oberen Erdatmosphäre befand. Wie das möglich ist, erklären die Wissenschaftler so: »Wenn die Teilchen durch die Atmosphäre hindurchfliegen, erhitzen sie sich und reagieren mit dem Luftsauerstoff.« Die Analyse der Sauerstoffisotope ergab, dass der Sauerstoffgehalt vor 2,4 Milliarden Jahren nicht null war – im Gegenteil: Er entsprach dem Sauerstoffgehalt der heutigen Atmosphäre – nämlich etwa 20 Prozent.

Inzwischen haben Forscher eine Erklärung für diesen rätselhaft frühen Sauerstoffschock gefunden: Cyanobakterien. Diese Blaualgen gehören zu den ältesten Organismen auf der Erde. Mittels Photosynthese erzeugen sie auch heute noch Sauerstoff aus dem

Licht der Sonne. Diese Algen aber, fanden Forscher der Uni Zürich heraus, schlossen sich wesentlich früher zu vielzelligen Kolonien zusammen, als bisher angenommen. Sie sorgten für die von Genge entdeckte Sauerstoffschwemme.

»Ist es nicht phantastisch, wie man mit Staub in die Vergangenheit blicken kann?«, strahlt der Forscher. »Man spaziert zu einem Felsen, kratzt Weltraumstaub ab und dieser berichtet über die Erdatmosphäre vor Milliarden Jahren. Die größte Freude an Mikrometeoriten dauert allerdings nur etwa fünf Minuten – beim Einsammeln«, räumt der Forscher ein. »Der Rest ist ziemlich dröge: Tausende von Stunden starrt man in ein Mikroskop. Ich arbeite immer noch an einer Staubsammlung aus der Antarktis aus dem Jahr 2006, die ich innerhalb weniger Minuten eingesammelt habe. Nun sitze ich daran seit fast 16 Jahren.«

Kosmische Waisenkinder

Ein einziges Staubkorn kann einen Astromineralogen ein ganzes Forscherleben lang beschäftigen. Denn fast jedes Teilchen setzt sich aus bis zu 100 000 miniminikleinen Mikrokörnern zusammen. Sie alle wollen untersucht sein. Dazu muss das winzige Partikelchen zunächst fein aufgeschliffen werden. Dann wird die Oberfläche mit einem speziellen Ionenstrahl abgetastet. So lässt sich die Isotopenzusammensetzung bestimmen – der chemische Fingerabdruck. Nun erst kann die eigentliche Arbeit beginnen: Wie schnell flog das Teilchen durchs All, bevor es in die Erdatmosphäre eingedrungen ist?

Die Geschwindigkeit lässt sich ermitteln, wenn man weiß, wie heiß der Partikel beim Erdeintritt wurde. Gibt es typische Kratzspuren geschmolzener Atome, welche die Reibungshitze widerspiegeln? Was aber, wenn diese Spuren komplett weggeschmolzen sind? Dann legt man das Staubteilchen in einen Ofen und erhitzt es schrittweise. Bei bestimmten Temperaturen verdampfen unterschiedliche chemische Komponenten. Rührt sich bei 1000 Grad Celsius noch nichts, erhitzt man es vorsichtig immer weiter – bis eine Verdampfungsreaktion auftritt. So tastet man sich an die Eintrittsgeschwindigkeit heran.

Kennt man den chemischen Aufbau und die Eintrittsgeschwindigkeit, kann man sich dem Stammbaum des kosmischen Waisenkinds widmen. Waren seine »Eltern« Asteroiden oder Kometen? Aus welcher galaktischen Region kommt das Teilchen?

Nehmen wir an, es ist der nebligen Hülle eines Kometen entfleucht, der sich im Kuipergürtel zwischen den Bahnen von Mars und Jupiter um die Sonne bewegt. Zusätzlich zur Schwerkraft des Zentralgestirns wirkt auf Staubpartikelchen noch eine andere Kraft: die »Poynting-Robertson-Lichtschleppung«. Sie ist benannt nach John H. Poynting und Howard P. Robertson, die den Druck, den Sonnenstrahlung auf Staubpartikel ausübt, in der ersten Hälfte des 20. Jahrhunderts theoretisch vorhergesagt haben. Er bewirkt, dass ein Teilchen – nicht größer als 20 bis 30 Mikrometer – abgebremst wird. Wird es verlangsamt, braucht es etwa 1000 bis 10 000 Jahre bis es sich – ähnlich Planeten – auf einer Bahn um die Sonne bewegt.

Viele Teilchen verdampfen, andere werden durch Kollisionen zerstört. Ein Fünftel der Partikel aus dem Kuipergürtel aber rasen Richtung Erde. Ist das Teilchen ungefähr 90 bis 100 Kilometer entfernt, wird sein Flug abermals abgebremst. Diesmal durch die zunehmende Dichte an Staubteilchen im interstellaren Raum. Einige Kilometer weiter unten kommt das Teilchen zum Stillstand. Es klebt förmlich in der oberen Erdatmosphäre fest. Dort schwirren pro Kubikzentimeter eine Million Mal mehr Staubteilchen herum, als in einem Kubikzentimeter des fernen Weltraums. Auf dieser Parkposition herrscht ein Hauen und Stechen. Es wird bei Zusammenstößen mit anderen Teilchen und Gasen nach oben und nach unten gestoßen, in alle Himmelsrichtungen gerammt – wochenlang.

Irgendwann hat sich das Teilchen durch die Atmosphäre hindurchgewuselt und sinkt auf den Erdboden – wenn es sehr, sehr klein ist, dann ohne größere Schäden. Misst es weniger als 0,003 Millimeter, ist es nicht spurlos verglüht. Die Zahl der Mikrometeoriten, die auf schonende Weise in die Erdatmosphäre eintauchen, nimmt mit zunehmender Größe ab. Teilchen oberhalb von 0,1 Millimeter Durchmesser schlagen mit Geschwindigkeiten zwischen 38 000 und 248 000 Kilometern pro Stunde auf der Atmosphäre auf. Das hängt davon ab, ob sie sich in der gleichen oder in der entgegengesetzten Richtung zur Erdbewegung um die Sonne bewegen.

In jedem Fall reiben sie sich heftig an Luftteilchen und erhitzen sich blitzartig auf mehr als 1600 Grad Celsius. An diesem Punkt schmelzen und verdampfen viele Partikel. 70 bis 90 Prozent aber erstarren beim Abkühlen zu Glas – zu kugelförmigen Spherulen, sogenannten »Ablationskügelchen«, Teilchen mit einem Durchmesser von mehr als zwei Millimetern erzeugen als »Sternschnuppen« eine leuchtende Spur am Himmel.

»Die meisten Staubteilchen, die in die Atmosphäre eindringen, sind kleiner als zwei Millimeter und können daher nur mit speziellen Meteorradargeräten entdeckt werden«, klagt John Plane von der Universität in Leeds. Die Folge: Keiner kann genau sagen, wie viel Sternenstaub tatsächlich auf die Erde fällt. »Selbst neue Schätzungen der Staubmasse schwanken zwischen fünf und 270 Tonnen pro Tag«, so der Leiter des CODITA-Projekts (»Cosmic Dust in the

Terrestrial Atmosphere«). »Wir stehen vor einem Rätsel, weil die gesamte Staubmenge je nach Messung und Hochrechnung stark variiert.«

Messungen im Weltraum und an der oberen Atmosphäre ergeben ganz andere Werte als am Erdboden. Um Mikrometeoriten in großen Höhen abzufangen, bringt die NASA seit 1974 an ihren Stratosphärenflugzeugen Staubklebevorrichtungen an. Die Flugzeuge werden hauptsächlich zur Erforschung der Erde und ihrer Atmosphäre eingesetzt. Wenn jedoch ein Flug in 20 Kilometern Höhe stattfindet, wird die »Staubfahne« zur himmlischen Suche nach Weltraumstaub eingesetzt. Allerdings ist die Ausbeute mager, weil im Schnitt nur ein Partikel pro Stunde kleben bleibt. Und überdies ist die Auswertung mühsam, weil der Staubfänger auch Partikel vom Treibstoff und vom Wind verwehte biologische Stoffe aufnimmt.

Weil Messergebnisse so widersprüchlich sind, »wollen wir herausfinden, ob es Irrtümer gibt, was die Messtechnik im All betrifft«, erklärt Veerle Sterken. Mit kompakten, beschichteten Siliziumdioxidpartikeln bombardiert die Forscherin an der ETH-Zürich Messgeräte wie etwa den »Cosmic Dust Analyzer«. Er lieferte bei der Ulysses-Mission die ersten Messdaten von kosmischem Staub direkt aus dem All. »Aber die Experimente zeigen nur fundamentale Lücken im Wissen über dieses Material auf, das für unser Verständnis von Galaxien und Planetensystemen zentral ist«: Sternenstaub.

Der Schatz im ewigen Eis

Auf der Suche nach den wahren Werten der kosmischen Teilchen, die auf die Erde rieseln, zieht es Forscher in die entlegensten Regionen der Welt – dorthin, wo kosmischer Staub jungfräulich bleibt, weil die Luftverschmutzung gering ist. Am Nord- und Südpol, wo es kaum Staubquellen gibt, sind in zehn Litern Luft »nur« drei Millionen Partikel. Der Atem wird trotz der niedrigen Temperaturen kaum sichtbar. Es gibt zu wenige Staubkörner in der Luft, an denen die Feuchtigkeit kondensieren könnte.

Susan Taylors Ziel war die Antarktis, genauer: ein Brunnen, aus dem sich die Amundsen-Scott-Forschungsstation mit Wasser versorgt. »Am Boden des Brunnens, der sich durch 110 Meter Eis erstreckt, haben sich in den letzten 400 Jahren Mikrometeoriten abgesetzt«, so die Forscherin des Cold Regions Research and Engineering Laboratory in Hanover, New Hampshire. Extraterrestrische Partikel, die auf antarktischem Eis landen, werden ähnlich wie frische Blumen konserviert, die zwischen die Seiten eines Buches gepresst werden. Jahr für Jahr wird quasi eine neue Blume hineingelegt: Jahr für Jahr fällt neuer Schnee, der die alte Schicht zusammendrückt. So wird das »Staub-Buch« immer dicker – und die Staubteilchen bleiben unverfälscht. Aus dem Brunnen schöpfen die Polarforscher ihr Wasser und trinken somit Wasser vom Schnee, der vor Hunderten von Jahren herabgefallen ist. Vielleicht zu Zeiten des Dreißigjährigen Kriegs oder noch früher.

In das Brunnenloch senkte Susan Taylor den sterilen Schlauch ihres Staubsaugerroboters und saugte Partikel vom Boden auf. »Ich fand 1588 kosmische Partikel, die zwischen 50 und 800 Mikrometer groß waren«, freute sich Taylor. »Die runden Gesteinskörner waren verhältnismäßig groß, obwohl sie bis zu 90 Prozent ihrer Masse beim Zusammenschmelzen in der Atmosphäre verloren hatten.« Die Fundstücke waren derart hübsch, dass es die Fotos der schwarzen und rotbraunen Kügelchen auf die Titelseite der Wissenschaftszeitschrift *Nature* vom 30. April 1998 schafften. Im Journal präsentierte Taylor ihre Berechnung: Ihr zufolge fallen jeden Tag etwa vier

Tonnen kosmischer Staub auf die Erdoberfläche. 1460 Tonnen pro Jahr. Damit liegt sie weit über dem Wert, den 2021 eine systematische 20-jährige Langzeiterhebung französischer Wissenschaftler ergab. Dafür sind die Forscher der Université Paris-Saclay sechsmal in die Antarktis gereist. In der Nähe der französisch-italienischen Antarktisstation »Dome C« – rund 1100 Kilometer von der Küste entfernt – gruben sie einen mehrere Meter tiefen Graben ins antarktische Plateau. Sie entnahmen 60-Liter-Blöcke, schmolzen die Proben unter sterilen Bedingungen, sammelten in Filtersystemen die Staubkörnchen aus dem Schmelzwasser, identifizierten sie – der Rest war Mathematik. Diesen Forschern zufolge wird unser Planet pro Jahr mit rund 8800 Tonnen Teilchen bombardiert. Untersucht haben die Forscher allerdings nur Partikel, deren Größe zwischen 30 und 200 Mikrometer lag. Größere Steine und Brocken brächten es pro Jahr nur auf weniger als zehn Tonnen Masse, so die Forscher. Sie würden also insgesamt kaum ins Gewicht fallen.

Welchen Zahlen man auch immer Glauben schenken will – die meisten Forscher gehen davon aus, dass rein statistisch jedes Jahr zehn Weltraumpartikel auf jedem Quadratmeter der Erdoberfläche landen. »Das bedeutet, dass sie überall sind«, sagt Matthew Genge. »Sie befinden sich auf den Straßen. Sie sind in Ihrem Haus. Vielleicht haben Sie sogar etwas kosmischen Staub auf Ihrer Kleidung.« US-Astronom Donald Brownlee meint sogar: »Wir atmen dieses Zeug ein. Wir nehmen es jedes Mal zu uns, wenn wir Salat essen.«

Und was glaubt Mikrometeoritenfänger Larsen? 2500 kosmische Körner umfasst inzwischen sein Archiv. Diese Ausbeute ist ihm nicht genug. Ende 2019 stieg er aus seiner Band Hot Club de Norvège aus und widmet sich seither ganz dem kosmischen Staub. »Zwölf Stunden am Tag, sieben Tage die Woche«, sagt er. »Die Jagd hat gerade erst begonnen.«

STAUBRÄTSEL (UNGELÖST)

Machen auch Außerirdische Staub?

Hinterlassen Aliens auf der Erde Staub? Bei Menschen, die glauben, von Außerirdischen entführt worden zu sein, ist der Hausstaub anscheinend etwas ganz Besonderes. In deren Häusern hatte der inzwischen verstorbene William Levengood den Hausstaub untersucht. »Ich sah unter dem Mikroskop winzige glasartige Kugeln«, schrieb der Biophysiker vom Pinelandia Biophysics Laboratory in Michigan auf seiner Website. Er will Risse bemerkt haben, die nicht durch Druck von außen, sondern durch Kräfte im Inneren der Kugeln verursacht wurden.

18.
SCHWARZE LÖCHER – GIGANTISCHE STAUBMONSTER

Am 5. Februar 1963 hatte Maarten Schmidt einen Geistesblitz – und entdeckte das erste jener bizarren Objekte, die als die gewaltigsten kosmischen Staubfabriken gelten. Diese erstaunlichsten Objekte im Universum spucken weit mehr Staub ins All, als es sich Forscher bis vor Kurzem vorstellen konnten. Außer Staub versprühen sie Energie: bis zu tausendfach mehr als ihre gesamte Galaxie. Und doch sehen sie aus wie Sterne. Für einen sonderbaren Stern hielt denn auch Maarten Schmidt das Objekt, das er an der Technischen Hochschule von Kalifornien (Caltech) erspäht hatte. In Ermangelung eines Namens taufte er es »quasi-stellare radio source« – also sternenähnliche Radioquelle. Daraus entstand durch Zusammenziehung der Begriff »Quasar«.

Was Maarten verblüffte, betraf die Spektrallinien, die er im Licht der starken Strahlungsquelle im Sternbild Jungfrau entdeckt hatte. Solche Spektrallinien verraten exakt, welche Elemente zu den Bestandteilen des betreffenden Himmelskörpers gehören. Bei dem Objekt, dem er die Bezeichnung »3 C 273« gab (3. Radioquellen-Katalog der Universität Cambridge, 273. Eintrag), registrierte er zwar die üblichen Linien, sie passten jedoch zu keinem der 92 in der Natur vorkommenden Elemente.

Maarten Schmidts Einfall: Wie wäre es, wenn die Spektrallinien nur nicht am richtigen Platz stehen, weil sie der Rot- oder Blauverschiebung unterliegen? Bei Rotverschiebung wird das Licht eines Sterns rötlicher, als es eigentlich ist, bei Blauverschiebung bläulicher. Beide Erscheinungen sind vergleichbar dem Höher- und Tieferwerden eines Martinshorns, wenn ein Funkstreifenwagen sich nähert oder entfernt.

Die Blauverschiebung entspricht dem Ansteigen des Tons, signalisiert also, dass sich der betreffende Himmelskörper nähert. Bei Rotverschiebung kann man sicher sein: Der Stern entfernt sich von der Erde. Fast immer ist das Sternenlicht rotverschoben, weil sich das Weltall ständig ausdehnt und dadurch die Entfernung eines jeden Himmelskörpers zu allen anderen immer größer wird. Bei Sternen beobachtet man Rotverschiebungsraten von 0,1 Prozent.

Was Maarten Schmidt dagegen entdeckt hatte, wühlte ihn zutiefst auf. Noch am Abend sagte er zu seiner Frau: »Mir ist heute etwas Ungeheuerliches passiert.« Er hatte beim Licht der Radioquelle 3 C 273 eine Rotverschiebung von 15,8 Prozent festgestellt. Das entspricht einer »Fluchtgeschwindigkeit« von 47 000 Kilometer pro Sekunde. Zum Vergleich: Unsere Erde bewegt sich mit 30 Kilometer pro Sekunde um die Sonne. Maarten Schmidt brauchte nicht lange zu rechnen: Das Objekt war 3,8 Milliarden Lichtjahre entfernt.

Um aber bei einer so großen Entfernung noch sichtbar zu sein, muss der Himmelskörper eine enorme Leuchtkraft haben. Genauere Messungen ergaben Unfassbares: Seine Leuchtkraft ist so groß wie die Strahlung einer ganzen Galaxie. Und noch spektakulärer: Die Strahlung entströmt einem Raumgebiet, das nur ein Milliardstel so groß ist wie eine Galaxie! Irgendeine übermächtige Gewalt sorgt offensichtlich dafür, dass sich die Sterne in der Mitte der Galaxie so dicht zusammendrängen wie eine von zähnefletschenden Wölfen umkreiste Schafherde.

Gigantischer Doppel-Auspuff

Der Quasar 3 C 273 wurde auf einmal für alle Astrophysiker auf der Welt das Thema Nummer eins: Woher kommt die immens hohe Strahlung dieser Lichtquelle? Messungen der »Energiekugel« zeigten: Aus dem gleißenden Kern der Galaxie schießen nach oben und nach unten mächtige Gas- und Staubfontänen, die Überschallgeschwindigkeit erreichen und in beiden Richtungen jeweils bis zu 80 Millionen Lichtjahre weit ins Weltall hinausjagen. Zum Vergleich: Unsere Milchstraße hat einen Durchmesser von 100 000 Lichtjahren.

Welche Maschinerie, welches gigantische Kraftwerk arbeitet da draußen, dass seine Wirkungen im ganzen Weltall registrierbar sind? Weltweit wurden Radioteleskope zusammengeschaltet. Die so erhaltenen »Bilder« enthüllten: Die gleißende Kugel in der Mitte des »Doppel-Auspuffs« ist gar keine Kugel. Mitten im strahlendsten Licht tut sich ein schwarzer Abgrund auf. Bei dem Antriebsmotor des Quasars handelt es sich um ein Schwarzes Loch.

Ein Schwarzes Loch ist eine zertrümmerte Sternleiche, deren Restmaterie immer mehr in sich zusammenfällt. Dabei wird die Gravitation so groß, dass nicht einmal Licht entfliehen kann. Deshalb können wir Schwarze Löcher nicht direkt sehen.

Um das Schwarze Loch schwirren zahllose Sterne, dicht an dicht, zusammengepfercht wie Sardinen in der Dose. Die Anziehungskraft des Schwarzen Lochs – seine Gravitation – krümmt den Raum so stark, dass diese Sterne ans Zentrum angesaugt werden. Bei diesem Vorgang herrscht Chaos. Wie eine Lemmingherde, die sich selbstmörderisch über die Klippen stürzt, purzeln Tausende und Abertausende von Sternen und Sonnen in den dunklen Schlund. Viele vernichten sich schon vor ihrem Absturz gegenseitig in kosmischen Kollisionen, von denen jede ein Weltereignis wäre, gäbe es nicht so viele davon.

In diesem Strudel um das schwarze Loch herum – der Akkreditionsscheibe – wird der wirbelnde Materiestrom zur gigantischen Staubfabrik. »Hier wird viel Material zu Staubkörnern zermahlen, die vom Wirbelwind des Schwarzen Lochs weggeblasen werden«, erklärt Ciska Markwick-Kemper von der Universität von Manchester. Sie untersuchte den Wirbelwind um das Schwarze Loch des Quasars PG 2112+059. Nachgewiesen hat sie große Mengen gesteinsbildender Mineralien, Aluminiumoxid, Magnesiumoxid und viele andere Stoffe, die sich in Planeten wiederfinden – und als chemische Elemente auch im Organismus der Bewohner des »blauen Planeten«.

Welch gigantische Staubmonster Schwarze Löcher wirklich sind, wurde erst Anfang 2023 klar, als Forscher zum ersten Mal detailliert die Staubwolken um Schwarze Löcher analysierten. Dabei fanden die Astronomen der Universität von Kalifornien in Santa Cruz heraus, dass die Quasare der Schwarzen Löcher etwa zehnmal mehr Energie abstrahlen als bisher angenommen. Bislang, so die Forscher, wurde völlig unterschätzt, wie viel Staub Schwarze Löcher tatsächlich ausspucken. Es ist viel mehr Staub, der die Strahlung absorbiert, so die im Journal *Monthly Notices of the Royal Astronomical Society* publizierte Studie.

Nun sollen diese Staubgiganten näher untersucht werden. Denn Astrophysiker wissen, dass Quasare – also Schwarze Löcher – ungefähr 800 bis 900 Millionen Jahre nach dem Urknall entstanden sind.

Theoretisch könnte sich aber schon innerhalb der ersten Sekunde nach dem Urknall eine Unmenge an Schwarzen Löchern gebildet haben, Winzlinge von der Dimension eines Atomkerns, jedoch mit einer Masse von einer Milliarde Tonnen. Möglicherweise sind sie der Motor gewesen, aus denen die ersten Sterne und Galaxien hervorgegangen sind, meint Astrophysiker Günther Hasinger, wissenschaftlicher Direktor der Europäischen Weltraumorganisation (ESA).

Nun sucht das neue James-Webb-Weltraumteleskop diese primordialen Brandbeschleuniger für die Bildung der Gestirne. Sollten welche gefunden werden, wäre es der Beginn einer neuen Ära der Himmelsforschung. Dann nämlich standen am Anfang nicht die Sterne und Galaxien: Zuerst waren es die Schwarzen Löcher.

STAUBRÄTSEL (GELÜFTET)

Spiegelt sich im Allerkleinsten das Allergrößte wider?

Staub wird von nichts anderem mehr angezogen als von Staub. Staubkörnchen, die sich reiben, können eine elektrische Ladung aufbauen, genauso wie unsere Füße statische Elektrizität aufbauen, wenn man sie auf dem Teppich reibt. Staubpartikel, die elektrisch geladen sind, wirken anziehend auf andere geladene Partikel und sammeln sich aufgrund der elektrostatischen Kräfte an bestimmten Stellen an.

»Wenn Sie unter Ihr Bett schauen, werden Sie feststellen, dass sich kleine Staubkörner zu großen Staubkugeln zusammenballen. Und so etwas muss auch im Sonnensystem passiert sein«, sagt Mike Zolensky, US-Koryphäe der Erforschung von kosmischem Staub. Ganz so, wie sich Hausstaub unterm Bett zu Wollmäusen zusammenballt, wächst im Weltall kosmischer Staub zu immer größeren Gebilden heran. Mitten im Wohnzimmer erleben wir kosmische Evolution. »Ist es nicht phantastisch«, sagt Zolensky. »Im Allerkleinsten spiegelt sich das Allergrößte wider.«

Schon im 17. Jahrhundert philosophierte der Mathematiker Johann Bernoulli (1667–1748): »Im kleinsten Stäubchen kann eine Welt existieren, in der alles dieser großen Welt entsprechend angeordnet ist.« Und noch viel früher propagierte der Gelehrte Nikolaus Cusanus (1401–1464): »Omnia in omnibus – Alles (ist) in allem.« – »Jedes Ding ist eine Contraction des Alls.« Kein Geringerer als Albert Einstein (1879–1955) nahm diese Gedanken auf: »Erfasse man ein Staubkorn vollständig wissenschaftlich, dann hätte man im selben Moment auch die letzten Rätsel des Universums gelöst.« Winzige Sonnenstäubchen und riesiger Kosmos – beide bedingen sich.

19.
STAUB ZU STAUB

»Wenn wir Staubforschende uns auf einen Drink treffen, sagen wir nicht ›Prost!‹«, erklärt die Züricher Astrophysikerin Veerle Sterken. »Bevor wir den ersten Schluck nehmen, zitieren wir stattdessen die letzte Strophe eines Satzes, den man eher bei einer Trauerfeier erwarten würde: ›Staub zu Staub.‹ Das tun wir, um uns daran zu erinnern, was wir wirklich sind.«

Aus Staub und Gottes Atem wurde der erste Mensch, Adam, geschaffen (Genesis 2,7). Und auch unser letzter Weg endet im Staub. Ein Kreislauf zwischen dem am wenigsten Wertvollen, dem Staub, und dem Kostbarsten, dem Leben. Selbst wenn wir uns Mumifizieren oder mit Kryokonservierung einfrieren lassen, gibt es kein Entrinnen. In Milliarden Jahren heißt es für die Erde und ihre Bewohner ausnahmslos, wie im Buch Genesis 3,19: »Staub bist du, und zum Staub musst du zurück.«

Doch sterben ist nicht gleich Sterben. Einäscherung oder Beerdigung? Schnelles Feuerpulver oder langsames Verstauben in Mutter Erde? »Die traditionelle, ländliche Praxis, das Begraben des Leichnams in der Erde, steht heute in Konkurrenz zur Einäscherung oder Verbrennung, einer städtischen Praxis«, schreibt Jen-Philippe Pierron. »Wir haben es heute mit Stäuben zu tun, die im Wettbewerb zueinander treten. Der Staub durch langsame Verwesung in der Erde, steht im Gegensatz zu dem durch Feuer erzeugten Staub, der zu Asche wird«, so der Philosoph der Universität Lyon. Die neuen Bestattungspraktiken würden die symbolische Dimension des Todesritus und seine Fähigkeit, die Trennung zu bewältigen, torpedieren. Staub, durch langsame Zersetzung im Rhythmus der Erde oder durch schnelles Feuer, würden zwei ganz unterschiedliche Arten der Trennungsarbeit in Gang setzen. Doch sei die Verbindung zwischen einer Metaphysik von Staub und den Trauer- und Todesriten von Bedeutung. Sowohl der Staub als auch der Tod berühren das Elementare und das Ursprüngliche.

»Der Tod, die Rückkehr zum Staub, ist eine Art Rückkehr zum Urgrund«, so Pierron. »Der Staub wäre dann ein Mahnmal des Ursprungs, das in den Beerdigungsriten versucht, die Anfänge und Enden der Welt zu zähmen und Trennung und Tod zu verarbeiten. Der Staub und die Trauer – sind sie dann nicht eine dritte Raumzeit zwischen Sein und Nichts?«

Sobald wir sterben, verlassen uns all die Elemente, aus denen wir bestehen und beginnen zu zirkulieren. In einen Sarg dringen mit der Feuchtigkeit der Erde Bakterien, Pilze und andere Fäulniserreger ein. Durch die Aktivität von Mikroorganismen verändert sich das Milieu im Körper und wird basisch. Das Weichgewebe verflüssigt sich zunehmend, und es kommt zur Entwässerung des Leichnams. Nachdem er entwässert ist, nehmen die sauerstoffreichen Prozesse zu, und es kommt verstärkt zur eigentlichen Verwesung. Organische Verbindungen des Gewebes werden aufgespalten und es oxidiert. Bis ein Körper nach einer Erdbestattung zu Erde wird, dauert es zwei bis drei Jahrzehnte. Abhängig von der Erdbeschaffenheit und der Knochensubstanz werden Knochen erst viel später zu Staub. Es wurden Skelette geborgen, die jahrtausendealt waren.

(Un)ökologische letzte Ruhe

Die Erdbestattung gilt als umweltschädlich. Dem Tech-Blog Gizmodo zufolge, werden jedes Jahr weltweit etwa 20 Millionen Liter an Flüssigkeiten wie Formaldehyd, Methanol und Ethanol begraben, mit denen der Leichnam präpariert wurde. Särge und Grabgewölbe sind ressourcenintensiv. Laut dem Netzwerk Tech Insider werden jährlich 90 Millionen Meter Holz und fast zwei Millionen Tonnen Beton, Stahl und andere Materialien benötigt.

Feuerbestattungen sind nicht viel umweltfreundlicher, so das niederländische Forschungsinstitut TNO. Bei diesem Prozess würden schätzungsweise mehr als 500 Pfund Kohlendioxid pro Körper freigesetzt – das entspricht einer Autofahrt von fast 1000 Kilometern. Pro Jahr würden global 6,8 Millionen Tonnen Kohlendioxidemissionen durch Feuerbestattungen freigesetzt – etwa 0,02 Prozent der weltweiten CO_2-Emissionen.

Die Emissionen entstehen im Verbrennungsofen, dessen Temperatur im Verlauf der Einäscherung auf 1200 Grad Celsius erhöht wird. Dadurch ist gewährleistet, dass alle brennbaren Substanzen eingeäschert werden. Der Kremationsprozess selbst dauert zwischen 50 und 90 Minuten. Nach der Kremierung werden Knochen und Zähne zusammen mit der Asche in einem sogenannten »Kremulator« gemahlen und in eine Urne gefüllt. Sie hat ein Gewicht von ca. zwei bis drei Kilogramm. In Deutschland ist es nicht erlaubt, die Urne mit nach Hause zu nehmen. Sie muss nach der Abschiednahme auf dem Friedhof bestattet werden, oder aber in dem Kolumbarium, der Urnenwand oder Urnenstele, beigesetzt werden. Eine Einäscherung kann 250 bis 600 Euro kosten.

Immer mehr Menschen legen zu Lebzeiten Wert auf Umweltfreundlichkeit. Und sie möchten dieser Haltung auch über ihren Tod hinaus Geltung verschaffen. Jüdische Bestattungen sind seit

Jahrtausenden »grün«. Verstorbene werden in einem Leinentuch anstelle eines Sarges beerdigt. Auch Muslime praktizieren diese »natürliche« Methode den Richtlinien des islamischen Rechts entsprechend seit über 1400 Jahren.

Jetzt wird auch in Deutschland ein Verfahren unter dem Namen »Reerdigung« angeboten. Es verspricht, den Leichnam innerhalb von 40 Tagen in fruchtbare Erde zu verwandeln. Dafür wird er auf pflanzliche Materialien wie Blumen, Grünschnitt und Stroh gebettet und in einen Kokon gewickelt. Natürliche Mikroorganismen transformieren den Körper bei einer Temperatur von etwa 70 Grad Celsius in Komposterde. Zahlreiche Geistliche aus den verschiedenen Kirchen in Deutschland unterstützen diese Bestattungsform, bei der es beim Bestattungszwang bleibt. Der zu knapp einem Kubikmeter Humus verwandelte Mensch muss auf einem Friedhof beigesetzt werden – in einem 30 Zentimeter tiefen Aushub, bedeckt mit Friedhofserde.

Für diese »natural organic reduction« (NOR) hat die Künstlerin Jae Rhim Lee ein spezielles Kleidungsstück entworfen. Der »Burial Suit« ist mit den Sporen eines Pilzes imprägniert, der Haut, Haare und Fingernägel besonders schnell zu fruchtbarer Erde werden lässt.

Bei der »Resomation«, auch »Aquamation« oder »alkalische Hydrolyse« genannt, bleiben schon innerhalb weniger Stunden nur noch zu Staub gemahlene Knochen übrig – und eine Kaliumhydroxidlösung. Damit wird der Leichnam vorher besprüht und in eine Anlage gelegt, die mit hohen Temperaturen und Luftdruck die Verwesung beschleunigt.

Zu gefriergetrocknetem Staub wird man mit der »Promession«, einem Bad aus flüssigem Stickstoff bei minus 196 Grad Celsius. Übrig bleibt ein trockenes Granulat von etwa 30 Prozent des

Ursprungsgewichts. Auch bei der ähnlichen »Cryomation« wird der Körper rasch zu Pulver.

Ein Teil der Totenasche lässt sich auf vielerlei Art verarbeiten, etwa zu einem kleinen Diamanten: »ein individuelles Erinnerungsstück mit hohem persönlichem Wert«, so die Werbung. Für Jagdbegeisterte bietet ein US-Unternehmen an, Asche in Schrotpatronen zu verpacken und diese auf das Wildtier der Wahl zu schießen.

Bei Menschen, die eine enge Beziehung zum Meer haben, ist eine Kombination aus Feuer- und Seebestattung beliebt. Mit »Eternal Reefs« wird die letzte Ruhestätte auch zum Lebensraum für Meerestiere. Nach der Einäscherung werden die sterblichen Überreste mit ph-neutralem Beton vermischt. Aus der grauen Masse werden sogenannte »Reef Balls« geformt: 250 Kilogramm bis 1,8 Tonnen schwere, durchlöcherte Kegel mit einer rauen Oberfläche. Bis zur Aushärtung der Oberschicht können sich Trauernde mit ihrem Handabdruck verewigen oder persönliche Nachrichten hinterlassen. Mit einer beschrifteten Bronzeplakette versehen, wird dieses »Ewige Riff« in einer feierlichen Zeremonie auf den Meeresgrund hinabgelassen. »Schon nach wenigen Wochen«, so der CEO von Eternal Reefs, »siedeln sich Algen, Seesterne und – in tropischen Gewässern – auch Korallen an.« Angehörige erhalten die genauen Koordinaten der Grabstätte, die je nach Größe zwischen 2700 Euro und 7000 Euro kostet.

»Nach dem Tode den unendlichen Weiten des Meeres übergeben werden – Für viele Menschen ist es ein schöner Gedanke ...« So wirbt Deutschlands erster Flugbestatter. »Dabei wird eine wasserlösliche Urne mit der Asche des Verstorbenen vom Flugzeug aus an zwei Orten nahe Sylt über dem Gebiet eines Seefriedhofs abgeworfen«, erklärt Bestattermeister Dominik Kracheletz. Angehörige erhalten ein Zertifikat mit den Koordinaten des Beisetzungsortes. Je nach Startflughafen liegt der Preis für die Flugbestattung zwischen 1300 und 2000 Euro.

Auf eine andere Art hoch hinaus kann man mit dem US-Unternehmen Mesoloft. Mit Hilfe von Ballonen wird die Asche des Verstorbenen von einem Roboter in der Stratosphäre verteilt. Er fertigt auch automatisch ein Video für die Hinterbliebenen an. Der Staub sinkt irgendwann zur Erde, womöglich als Regentropfen, die sich an die Partikel geheftet haben.

Raumfahrt post mortem

Wer bis ins All will, für den gibt es diverse Formen der Weltraumbestattung. Bei der suborbitalen Weltraumbestattung werden bis zu sieben Gramm Asche des Verstorbenen in einer daumengroßen Kapsel mit einer Rakete bis zu 100 Kilometer hoch in die Erdatmosphäre geschickt. Anschließend fällt sie an einem Fallschirm zurück auf die Erde. Bei der orbitalen Weltraumbestattung tritt die Aschekapsel wieder in die Erdatmosphäre ein und verglüht. Suborbitale Flüge werden bereits für unter 1000 Euro angeboten. Die orbitale Weltraumbestattung kostet ca. 2500 Euro (für ein Gramm Asche) beziehungsweise 5000 Euro (für sieben Gramm Asche). Der Rest der Asche muss auf herkömmliche Weise in einer Urne bestattet werden. Etwa 700 Gramm menschliche Überreste haben inzwischen den Raketenflug mit Hilfe des US-Unternehmens Celestis unternommen. Unter anderem hat es 1998 in Zusammenarbeit mit der NASA ein paar staubige Gramm des berühmten Kometenforschers Eugene Shoemaker zum Mond geschickt.

Für Menschen, die möglichst lange auf der Erde bleiben wollen, bietet Summom eine Mumifizierung an. »Unsere gründliche

Forschung, Erfahrung und unser Wissen im Bereich der Wissenschaft und der Esoterik haben zu ›Modern Mummification‹ geführt – einer Synthese aus medizinischer Technologie, moderner Chemie und esoterischer Kunst«, wirbt das amerikanische Nonprofit-Unternehmen. »Dennoch beinhaltet unser Mumifizierungsprozess die traditionelle Einhüllung in feines Tuch (bestickt, Ihre persönliche Philosophie oder Religion repräsentierend).« Der Sarkophag aus Bronze oder Edelstahl kann mit Gold, Keramik oder Juwelen bestückt werden. Der Preis reicht von der Basisversion für 67 000 Dollar bis zu einigen Hunderttausend Dollar.

Aber auch in der kostspieligsten Version wird man das Ende der Erde nicht überleben. In fünf bis sieben Milliarden Jahren wird der Sonne der Brennstoff im Inneren ausgehen. In der Hülle ist noch Wasserstoff vorhanden, der sich nun weiter erhitzt, bis auch dort die Kernfusion zündet. Durch die dabei frei werdende Energie dehnt sich die Sonne auf das 100- bis 150-Fache ihrer heutigen Größe aus und leuchtet rötlich. Dieser Rote Riese wird 40 Prozent heller scheinen als heute. Dann verdampfen die Ozeane und die Erde wird ein sehr staubiger Ort.

Letztlich wird die Sonne zum Krematorium, in dem die Erde verglüht. Ihre Bestandteile – Staub aus Quarz und Granit, Eisen und Gold, Magnesium und Silizium – irrlichtern dann im Sonnenwind. Und wenn die Sonne in ihrer Agonie die letzten Brennstoffe aus der Hülle pumpt, könnten die Stäube in den Schockwellen verklumpen, wie Griesbrei, den man nicht ausreichend rührt.

In rund 10^{14} Jahren werden auch die ältesten heute bekannten Sterne ausgebrannt sein, und es wird dunkel im All. In 10^{36} Jahren – eine Zehn mit 36 Nullen – hat sich alle Materie aufgelöst. Physiker glauben, dass dann die Protonen zerfallen. Allein Elektronen, Positronen und Photonen bilden noch Bestandteile des Universums.

Wie es weitergeht mit dem Sterben des Weltalls, darüber sind sich die Astrophysiker nicht einig. Manche sagen voraus, dass sich das Universum danach wieder zusammenziehen und es einen neuen Urknall geben wird. Statt sich weiter voneinander zu entfernen, wie wir es in unserem Kosmos beobachten, bewegen sich Galaxien und Sonnen dann immer mehr auf eine gemeinsame Mitte zu. Die Gravitation wird stärker und stärker. Der Sog nach innen ebenfalls, der Rücksturz beschleunigt sich, die Gravitation nimmt noch mehr zu. Bis eine »Singularität« entsteht – jener einzigartige Zustand, in dem es möglich ist, die gesamte Masse des Weltalls in einer Kugel von den Ausmaßen unserer Erde zusammenzudrängen, vielleicht sogar in einer Kugel von den Ausmaßen eines Fußballs, oder wie manche meinen, auf der Spitze einer Nadel. Alle Maßstäbe werden ohnehin bedeutungslos, weil in der Singularität weder Raum noch Zeit vorhanden sind.

»Aus dem Nichts leiht sich das Universum neue Energie«, sagt Astrophysiker Günther Hasinger. So viel, dass die abstoßenden Kräfte die Bewegung umkehren. Das Universum expandiert – und der Staub? Er erlebt eine Wiedergeburt.

DANKSAGUNG

Mein besonderer Dank gilt Ingrid Holzinger. Die ehemalige Bibliothekarin, die am Max-Planck-Institut in Martinsried tätig war, hat mit ihrem Fachwissen und ihrer Gewissenhaftigkeit enorm zum Gelingen dieses Buchs beigetragen. Großer Dank gebührt auch der ehemaligen Studienrätin und Wissenschaftsjournalistin Manon Baukhage, die wichtige Hinweise und Anregungen lieferte. Mein großer Dank fürs fact-checking gilt insbesondere Dr. Daniel Seiler vom Institute for Systematic Inflamation Research (ISEF) der Universität Lübeck. Bedanken möchte ich mich zudem bei meinem Lektor Hendrik Heisterberg, der mit Kompetenz und Kreativität dieses Buch mitgestaltet hat. Danke auch an Gianna Slomka, Lektorin bei Goldmann Taschenbuch (Sachbuch), für die professionelle Begleitung auf dem Werdegang dieses Buches. Danke insbesondere auch an Niclas Schmoll von der Michael Meller Literary Agency, der engagierter Geburtshelfer dieses Buches war. Nicht zuletzt auch ein Dank an Michael Zolensky vom NASA Johnson Space Center, an Nilufar Ramji, Public Affairs Specialist bei der NASA, und all die Wissenschaftler, die mich unterstützt haben.

LITERATURHINWEISE

1. Am Anfang war der Staub

»Als im All das Licht anging«, 21.9.2010, www.wissenschaft.de/astronomie-physik/als-im-all-das-licht-anging

Rifkin, Jeremy: *Das Zeitalter der Resilienz*, Campus 2022

2. Staub – Grundstoff menschlicher Kulturen

Meyer, Matthias et al.: »A High-Coverage Genome Sequence from an Archaic Denisovan Individual«, in: *Science*, 30.8. 2012, Band 338, Nr. 6104, S. 222–226, doi.org/10.1126/science.1224344

Kaplan, Robert: »Die Geschichte der Null«, Piper 2003

3. Die große Staub-Rechnung

Trierweiler, Robert: *Staub: Natürliche Quellen und Mengen*, Springer Fachmedien 2020

Osipov, S., Chowdhury, S., Crowley, J. N. et al.: »Severe atmospheric pollution in the Middle East is attributable to anthropogenic sources«, in: *Communications Earth & Environment* 3, 203, 22.9.2022, doi.org/10.1038/s43247-022-00514-6

McKenna, Maryn: »Wildfire Smoke May Carry Deadly Fungi Long Distances«, *Wired*, 10.10.2022

Mulliken, J. S.: »Is Exposure to Wildfires Associated with Invasive Fungal Infections?«, Vortrag beim American Transplant Congress am 1.6.2019, atcmeetingabstracts.com/abstract/is-exposure-to-wildfires-associated-with-invasive-fungal-infections/

Yu, Y., Ginoux, P.: »Enhanced dust emission following large wildfires due to vegetation disturbance«, in: *Nat. Geosci.*, (2022), doi.org/10.1038/s41561-022-01046-6

»The Microbes In Your Home Could Save Your Life«, 7.7.2015, www.popsci.com/bugged/

»Infektionen an Finger und Zehennägeln durch Pilze und Bakterien« *Der Hautarzt*«, 11.4.2014, doi.org/10.1007/s00105-013-2704-0

»Die Staubbelastung in der Podologiepraxis«, www.der-fuss.de/news/50-instrumente/1515-die-staubbelastung-in-der-podologiepraxis

Zu Allergien in Deutschland: de.statista.com/themen/9844/allergien/#topicHeader__wrapper, www.medica.de/de/News/Archiv/Welt-Asthma-Tag_2021

Koziel, Jacek et al.: »Gas-to-particle conversation between ammonia, acid gases and fine particles in the atmosphere«, in: *Animal Agriculture and the Environment*, National Center for Manure and Animal Waste Mana gement White Papers, MI: ASABE, 2006, S. 201–224, dr.lib.iastate.edu/handle/20.500.12876/1460

4. Mein Staub-Exposom und ich

Trumble, Benjamin C. and Finch, Caleb E.: »The Exposome in Human Evolution: From Dust to Diesel«, *Q Rev Biol.* 12/2019, 94(4): S. 333–394, doi.org/10.1086/706768

Tõnisson, Liina et al.: »From Transfer to Knowledge Co-Production: A Transdisciplinary Research Approach to Reduce Black Carbon Emissions in Metro Manila, Philippines«, in: *Sustainability*, 1.12.2020, 12(23), 10043, doi.org/10.3390/su122310043

Colt, J., Lubin, J., Camann, D. et al.: »Comparison of pesticide levels in carpet dust and self-reported pest treatment practices in four US sites«, *Journal of Exposure Science & Environmental Epidemiology* 14, S. 74–83, 2.1.2004, doi.org/10.1038/sj.jea.7500307

»A sharp intake of breath«, in: *The Guardian*, 22.4.2004, www.theguardian.com/chemicalworld/story/0,,1219598,00.html

Freeman, Natalie: »Incidental Influences on Total Soil Dust Ingestion«, Agency for Toxic Substances and Disease Registry, Atlanta, www.atsdr.cdc.gov/child/3_1.html

Holmes, Hannah: *The Secret Life of Dust*, Wiley 2003

5. Der staubige Mini-Zoo

van Bronswijk, Johanna E. M. H.: »House-dust ecosystem and house dust allergen«, in: Acta Allergol. 1972, 27(3), S. 219–228, hdl.handle.net/2066/148638

Lu, Chensheng et al.: »Pesticide exposure of children in an agricultural community: evidence of household proximity to farmland and take home exposure pathways«, in: *ScienceDirect*, 11/2000, doi.org/10.1006/enrs.2000.4076

Wang, Eugene et al.: »Effects of Environmental and Carpet Variables on Vacuum Sampler Collection Efficiency«, in: *Applied Occupational and Environmental Hygiene*, Bd. 10/2, S. 111--19, 24.2.2011, doi.org/10.1080/1047322X.1995.10389292

Brownlee, John: »A Carpet That Hooks Up To Your Radiator To Kill Dust Mites«, 29.7.2015, www.fastcompany.com/3049152/a-carpet-that-hooks-up-to-your-radiator-to-kill-dust-mites

Zeldovich, Lina: »A Holiday Guest Is Leaving Dangerous Poop in Your Couch«, in: *Nautilus*, 31.10.2017, nautil.us/a-holiday-guest-is-leaving-dangerous-poop-in-your-couch-2-236867/

6. Die DNA des Staubs

Roger, Fabian, et al.: »Airborne environmental DNA metabarcoding for the monitoring of terrestrial insects – A proof of concept from the field«, in: Environmental DNA, 11.3.2022, doi.org/10.1002/edn3.290

Krumenacker, Thomas: »Ein Hauch von Nashorn«, 13.2.2022, www.spektrum.de/news/edna-ein-hauch-von-nashorn/1986595

Roger, Fabian, et al.: »Airborne environmental DNA metabarcoding for the monitoring of terrestrial insects – a proof of concept«, 26.7.2021, doi.org/10.1101/2021.07.26.453860

Locard, Edmond, »The Analysis of Dust Traces. Part I«, in: *The American Journal of Police Science 1*, Nr. 3 (1930), S. 276–298

Locard, Edmond: »Staubspuren als kriminalistische Überführungsmittel«, in: *Archiv für Kriminologie (Kriminalanthropologie und Kriminalistik)*, Band 92, 3. u. 4. Heft (1933), S. 148–156

Meyer, Roland: »Flüchtige Verteilung: Staub als Medium von Spuren«, in: Gethmann, Daniel und Anselm Wagner (Hg.): *Staub. Eine interdisziplinäre Perspektive*, Lit 2013, S. 133–150, https://www.academia.edu/7490892/Fl%C3%BCchtige_Verteilungen_Staub_als_Medium_von_Spuren149

Meyer, Roland: »Fast Nichts. Lektüren des Staubs«, in: Frank, Michael C. et al. (Hg.): *Zeitschrift für Kulturwissenschaften: Fremde Dinge*, transcript 2007, S. 113–124

Schuppli, Susan: »Impure Matter: A Forensics of WTC Dust«, in: *Savage Objects*, Imprensa Nacional Casa da Moeda, Portugal, 2012, S. 120–140

7. Blütenstaub – die kostbarste Verführung der Natur

Niklas, Karl. J.: »Simulated and empiric wind pollinationpatterns of conifer ovulate cones«, in: *Proceedings of the National Academy of Sciences of the USA*, Vol. 79, 1982, pp. 510–514,

Müller, Fritz: *Kosmos* Bd. 1, 1877, S. 388ff, Bd. 2, S. 38

8. Von Bücherskorpionen und Staub-Tagebüchern

Bruxelles, Simon: »A better class of dust falls an National Trust«, in: *The Times*, 4.3.2002, S. 3

Motluk, Alison: »Grime fighters«, in: *New Scientist*, 26.7.2003, https://www.newscientist.com/article/mg17924055-900-grime-fighters/

Dillon, Brian und Najafi, Sina: »Elementary Particles: An Interview with Peter Brimblecombe. Sneezing in the library«, in: *Cabinet Magazine*, Nr. 20, https://www.cabinetmagazine.org/issues/20/dillon_najafi_brimblecombe.php

Lloyd, Helen et al.: »The effects of visitor activity on dust in historic collections«, in: *The Conservator*, Nr. 26, S. 72–84, 2010, doi.org/10.1080/01410096.2002.9995179

Ryhl-Svendsen, Morten: »Indoor air pollution in museums: prediction models and control strategies«, in: *Studies in Conservation*, Bd. 51 supl, S. 27–41, doi.org/10.1179/sic.2006.51.Supplement-1.27

Lithgow, Katy: »Managing dust in historic houses – a visitor/conservator interface«, Vortrag beim ICOM – Committee for Conservation 14th Triennial Meeting in Den Haag, 12.-16.9.2005

9. Der Staub des Sisyphos

»Quentin Crisp and the dust bunnies«, 23.10.2015, mykidlovesbroccoli.wordpress.com/2015/10/23/quentin-crisp-and-the-dust-bunnies/

»Die neue Macht des Putzens«, https://www.ikw.org/haushaltspflege/wissen/die-neue-macht-des-putzens

Sophie Hinchliffe: www.instagram.com/mrshinchhome/

C. Gröner et al.: »Belastung und Beanspruchung von Beschäftigen in Archiven und Bibliotheken durch Schimmelpilze und Milben«, in: *Mikrobiologie* 66, Nr.9, 2006

Stennis, John C.: »Interior Landscape Plants for Indoor Air Pollution Abatement«, NASA Space Center Bay Saint Louis, Document ID 19930073077, 15.9.1989

Extra – Das Feinstaub-ABC

Gourd, Elizabeth: »New evidence that air pollution contributes substantially to lung cancer«, Vortrag beim European Society of Medical Oncology congress, 15.9.2022, doi.org/10.1016/S1470-2045(22)00569-1

»Bremsscheibe verringert Feinstaub um 90 Prozent«, in: *Frankfurter Allgemeine Zeitung*, 18.11.2017, Nr. 268, S. 27

»Fußball: Feinstaub senkt Leistungsfähigkeit«, 28.2.2016, www.dw.com/de/fu%C3%9Fball-feinstaub-senkt-leistungsf%C3%A4higkeit/av-19078541

Prada, Diddier: »Air pollution and decreased bone mineral density among Women's Health Initiative participants«, doi.org/10.1016/j.eclinm.2023.101864

Zu landwirtschaftlichen Emissionen: www.duh.de/themen/luftqualitaet/luftverschmutzung-quellen/landwirtschaftliche-emissionen/

Umweltbundesamt_Staub_www.umweltbundesamt.at/umweltthemen/luft/luftschadstoffe/staub

10. Staub – Klimakiller oder Klimaretter?

Kok, J. F., Storelvmo, T., Karydis, V. A. et al.: »Mineral dust aerosol impacts on global climate and climate change«, in: *Nature Reviews Earth & Environment*, 17.1.2023, doi.org/10.1038/s43017-022-00379-5

Struve, Torben et al.: »Systematic changes in circumpolar dust transport to the Subantarctic Pacific Ocean over the last two glacial cycles«, in: *PNAS*, 21.11.2022, doi.org/10.1073/pnas.2206085119

Neukom, R., Steiger, N., Gómez-Navarro, J. J. et al.: »No evidence for globally coherent warm and cold periods over the preindustrial Common Era«, in: *Nature* 571, S. 550–554, 24.7.2019, doi.org/10.1038/s41586-019-1401-2

Brönnimann, S., Franke, J., Nussbaumer, S. U. et al.: »Last phase of the Little Ice Age forced by volcanic eruptions«, in: *Nature Geoscience* 12, S. 650–656, 24.7.2019, doi.org/10.1038/s41561-019-0402-y

Neukom, Raphael et al. (PAGES 2k Consortium): »Consistent multidecadal variability in global temperature reconstructions and simulations over the Common Era«, *Nature Geoscience* 12, S. 643–649, 24.7.2019, https://doi.org/10.1038/s41561-019-0400-0

»Mit Climate Engineering das Klima retten?«, *GEOMAR*, 4.5.2012, www.geomar.de/news/article/mit-climate-engineering-das-klima-retten

»Air Pollution Can Prevent Rainfall. American Association For The Advancement Of Science«, in: *ScienceDaily*, 14.3.2000, www.sciencedaily.com/releases/2000/03/000314065455.htm

Beerling, D. J., Kantzas, E. P., Lomas, M. R. et al.: »Potential for large-scale CO_2 removal via enhanced rock weathering with croplands«, in: *Nature* 583, S. 242–248, 8.7.2020, doi.org/10.1038/s41586-020-2448-9

»How to Cool a Planet With Extraterrestrial Dust«, in: *New York Times*, www.nytimes.com/2019/09/18/science/asteroid-ice-age-dust.html?searchResultPosition=46

11. Wie das Staub-Gedächtnis der Erde schwindet

Goelles, T. und Bøggild C. E., Greve, R.: »Ice sheet mass loss caused by dust and black carbon accumulation«, in: *The Cryosphere*, Band 9, Nr. 5, S. 1845–1856, 22.9.2015, doi.org/10.5194/tc-9-1845-2015

Campbell, Karley et al.: »Monitoring a changing Arctic: Recent advancements in the study of sea ice microbial communities«, in: *Ambio*, doi.org/10.1007/s13280-021-01658-z

Praetorius, S.: *The Great Forgetting*, Nautilus 2022

McConnell, J., et al.: »Lead pollution recorded in Greenland ice indicates European emissions tracked plagues, wars, and imperial expansion during antiquity«, in: *Proceedings of the National Academy of Sciences* 115, 2018, S. 5726-5731

Milman, Oliver: »Greenland: Enough ice melted on single day to cover Florida in two inches of water«, in: *The Guardian*, 30.7.2021

Garrison, C. und C. Baldwin, M. Hernandez: »Scientists scramble to harvest ice cores as glaciers melt«, 13.9.2021, www.reuters.com/lifestyle/science/scientists-scramble-harvest-ice-cores-glaciers-melt-2021-09-13/

Johnstone, J. F. et al.: »Changing disturbance regimes, ecological memory, and forest resilience«, In: *Frontiers in Ecology and the Environment*, Bd. 14/2016, S. 369–378

Jonas, M., Bun, R., Ryzha, I., Zebrowski, P.: »Quantifying memory and persistence in the atmosphere-land and ocean carbon system«, in: *Earth System Dynamics*, Bd. 13/2022, S. 439–455

Lüthi, Dieter et al.: »High-resolution carbon dioxide concentration record 650 000–800 000 years before present«, in: *Nature*, Bd. 453, 2008, S. 379–382, doi.org/10.1038/nature06949

Bauska, Thomas: »Ice cores and climate change«, in: *British Antarctic Survey,* 30.6.2022, www.bas.ac.uk/data/our-data/publication/ice-cores-and-climate-change/

Farmer, Jared: *The Ancient Wisdom Stored in Trees*, Nautilus 2022

12. Wüstenstaub bringt Leben, Tod und – Gold

Struve, Torben et al.: »Systematic changes in circumpolar dust transport to the Subantarctic Pacific Ocean over the last two glacial cycles«, in: *PNAS* 119 (47), doi.org/10.1073/pnas.2206085119

Zu EMIT – Earth Surface Mineral Dust Source Investigation: earth.jpl.nasa.gov/emit/

Smith, Derek: »Bacteria travel thousands of kilometers on airborne dust«, in: *Eos*, 103, 22.11.2022, doi.org/10.1029/2022EO220544

Mason, B. J.: »Personal reflections on 35 years of cloud seeding«, S. 311–327, 13.9.2006, doi.org/10.1080/00107518208237084

Szmidt, A. K. und Ferguson, J.: »Co-utilization of Rockdust, Mineral Fines and Compost« 2004, www.remineralize.org/2009/10/co-utilization-of-rockdust-mineral-fines-and-compost/

Hamaker, John: »The Survival Of Civilization«, Hamaker-Weaver Publishers 1983

13. Vulkane – Staub, der Geschichte schreibt

Shaler, N. S.: »The Red Sunsets«, in: *The Atlantic*, April 1884 Issue, https://www.theatlantic.com/magazine/archive/1884/04/the-red-sunsets/376173/

14. Die Staubhändler

»DMT: Simulation mit Prüfstaub, Normstaub und Teststaub«, www.dmt-group.com/de/produkte/pruefstaeube.html

KSL Staubtechnik GmbH: www.ksl-staubtechnik.de

15. Der Mann, der den Staub austrickste

Whitfield, Willis: »Vater des Reinraums«, in: *Exyte Technology*, 20.07.2021, www.reinraum.de/news.html?id=7218

16. Ein Staubkorn – Blick in den Kosmos

Heck, Philipp R. et al.: »Lifetimes of interstellar dust from cosmic ray exposure ages of presolar silicon carbide«, 13.01.2020, doi.org/10.1073/pnas.1904573117

Oba, Y. et al.: »Identifying the wide diversity of extraterrestrial purine and pyrimidine nucleobases in carbonaceous meteorites«, in: *Nature Communications* 13, 2008, 26.04.2022. doi.org/10.1038/s41467-022-29612-x

»Kometenstaub gibt Geheimnisse preis«, 30.1.2009, https://www.scinexx.de/dossierartikel/kometenstaub-gibt-geheimnisse-preis/

A'Hearn, Michael F.: »Whence Comets?«, in: *Science* 314/2006, S. 1708–1709

A'Hearn, Michael F.: »Fly-through at Wild 2«, in: *Nature*, 2004, 429. Jg., Nr. 6994, S. 818–819

»A sprinkle from Stardust yields surprise«, 14.12.2006, https://www.nytimes.com/2006/12/14/health/14iht-comets.3904093.html

Keller, L. P. et al.: »Evidence for a significant Kuiper belt dust contribution to the zodiacal cloud«, in: *Nature Astronomy*, 14.4.2022, doi.org/10.1038/s41550-022-01647-6

»Stardust-Next: NASA's Most-Traveled Comet Hunter«, 25.1.2011, https://www.jpl.nasa.gov/videos/stardust-next-nasas-most-traveled-comet-hunter

Hanlon, Mike: »Aerogel: The world's lightest solid«, 4.6.2004, https://newatlas.com/aerogel-the-worlds-lightest-solid/1740/

Rong, P.P. et al.: »AIM CIPS PMC tracking wind product retrieval approach and first assessment«, in: *Journal of Atmospheric and Solar-Terrestrial Physics*, v.209, 1.11.2020, National Science Foundation, doi.org/10.1016/j.jastp.2020.105394

Gerding, M. et al.: »Diurnal variations of midlatitude NLC parameters observed by daylight-capable lidar and their relation to ambient parameters«, in: *Geophysical Research Letters*, 29.11.2013, doi.org/10.1002/2013GL057955

Keay, Colin S. L.: »Anomalous Sounds from the Entry of Meteor Fireballs«, in: *Science*, 210(4465), S. 11–15, 3.10.1980, www.jstor.org/stable/1684579

»Is the Earth a cosmic feather-duster?«, 18.5.2012, www.leeds.ac.uk/news/article/3221/is-the-earth-a-cosmic-feather-duster

17. Die Jäger des Sternenstaubs

Genge, Harry: »What Dust From Space Tells Us About Ourselves«, in: *Quanta Magazine*, 4.2.2021, www.quantamagazine.org/matt-genge-uses-dust-from-space-to-tell-the-story-of-the-solar-system-20210204/

Jon Larsen und Kihle, Jan Braly: Atlas of Micrometeorites, Vol. 1., Arthaus DGB/Kunstbokforlaget DEN GYLDNE BANAN (Norwegen), 2020

»Berlin sammelt kosmischen Staub«, Museum für Naturkunde Berlin, 2019, https://www.museumfuernaturkunde.berlin/de/wissenschaft/berlin-sammelt-kosmischen-staub

Goesmann, Fred: »Organic compounds on comet 67P/Churyumov-Gerasimenko revealed by COSAC mass spectrometry«, in: *Science*, 31.7.2015, Bd. 349, Nr. 6247. doi.org/10.1126/science.aab0689

»CODITA – Cosmic Dust in the Terrestrial Atmosphere«, john-plane.leeds.ac.uk/research/middle-upper-atmosphere/codita-cosmic-dust-in-the-terrestrial-atmosphere/

18. Schwarze Löcher – gigantische Staubmonster

Markwick-Kemper, F. et al.: »Spitzer Detections of New Dust Components in the Outflow of the Red Rectangle«, in: *The Astrophysical Journal*, Band 628, Nr. 2, 15.7.2005, doi.org/10.1086/432833

19. Staub zu Staub

Pierron, Jean-Philippe: »Rites funéraires et poétique des elements: une métaphysique de la pousière?«, in: Études sur la mort, 2002/1 Nr. 121, S. 73–83, doi.org/10.3917/eslm.121.0073

Ford, T. J.: »For a More Sustainable Afterlife, Try Human Composting«, in: *Undark*, 18.8.2022, undark.org/2022/08/18/for-a-more-sustainable-afterlife-try-human-composting/?utm_campaign=K_newsletter_2022-08-28&utm_source=email&utm_medium=knowable-newsletter

Sood, Suemedha: »In The Future, Your Dead Body Will Be Dissolved«, www.fastcompany.com/1680586/in-the-future-your-deadbody-will-be-dissolved-unless-its-frozen-and-ground-to-dust

Bastani, Arian: »Die Geheimnisse des kosmischen Staubes«, www.phys.ethz.ch/de/news-und-veranstaltungen/d-phys-news/2022/08/die-geheimnisse-des-kosmischen-staubes.html

Modern Mummification: www.summum.org

Bestattungshaus Kracheletz GmbH, Kassel: kracheletz.de

Eternal Reefs, Inc. Sarasota: www.eternalreefs.com

Staubrätsel

Pullman, Philip: *His Dark Materials*, zitiert nach: Douglas, Kate: »The dust library«, 20.12.2011, https://www.newscientist.com/article/mg21228441-400-the-dust-library/

Hennig, Jean-Luc: *Beauté de la Poussière*, Agora 2018

Morales-McDevitt et al.: »The Air That We Breathe: Neutral and Volatile PFAS in Indoor Air«. In: *Environmental Science & Technology Letters (Environ. Sci. Technol.)*, 2021, 8, 10, S. 897–902, 31.8.2021, doi.org/10.1021/acs.estlett.1c00481

Tian, Zhenyu et al.: »A ubiquitous tire rubber–derived chemical induces acute mortality in coho salmon«, in: *Science*, 3.12.2020, Vol 371, Issue 6525, S. 185–189, doi.org/10.1126/science.abd695

Henkel, Charlotte et al.: »Polyvinyl Chloride Microplastics Leach Phthalates into the Aquatic Environment over Decades«, in: *Environ. Sci. Technol.* 2022, 56, 20, 14507–14516, 26.09.2022, doi.org/10.1021/acs.est.2c05108

Janser, M. et al.: »Komfort, Gesundheit und Arbeitsleistung in Bürogebäuden – Ergebnisse des Projekts ›Qualität von Nachhaltigen Bürogebäuden‹«, in: *Illustrierte Zeitschrift für Arbeitssicherheit und Gesundheit*

Chalker, Bill: *Hair of the Alien: DNA and Other Forensic Evidence of Alien Abductions*, Gallery Books 2005

Willard, Dirk: »Safety Advice: Get Fired Up About Combustible Dust«, 20.6.2022, www.chemicalprocessing.com/articles/2022/safety-advice-get-fired-up-about-combustible-dust/

Noble, Jonathan: »F1 plans talks with teams over carbon brake dust concerns«, 11.7.2022, www.autosport.com/f1/news/f1-plans-talks-with-teams-over-carbon-brake-dust-concerns/10336654/

Stork, Ralf: »Die EU, die Axt im Wald«, 20.09.2022, www.spektrum.de/kolumne/umweltkolumne-wie-zwei-eu-entscheidungen-dem-wald schaden/2059473?utm_medium=newsletter&utm_source=sdw-nl&utm_campaign=sdw-nl-daily&utm_content=kolumne

Davies, Paul: *Der kosmische Volltreffer. Warum wir hier sind und das Universum wie für uns geschaffen ist*, Campus 2008

Scheppach, Joseph: »Der alltägliche Stoff steckt voller Rätsel«, *P.M.* Nr. 10/1992, S. 92

Congcong Hu and Greaney, P. Alex: »Role of seta angle and flexibility in the gecko adhesion mechanism«, in: *Journal of Applied Physics*, 12.8.2012, 2014 doi.org/10.1063/1.4892628

REGISTER